问题不大

杨子星◎著

江苏凤凰文艺出版社
JIANGSU PHOENIX LITERATURE AND
ART PUBLISHING

图书在版编目（CIP）数据

问题不大 / 杨子星著. -- 南京：江苏凤凰文艺出
版社，2021.10
ISBN 978-7-5594-5864-3

Ⅰ.①问… Ⅱ.①杨… Ⅲ.①成功心理－通俗读物
Ⅳ.①B848.4-49

中国版本图书馆CIP数据核字(2021)第082057号

问题不大

杨子星　著

责任编辑　王　青
特约编辑　王　薇　刘昭远
出版发行　江苏凤凰文艺出版社
　　　　　南京市中央路165号，邮编：210009
网　　址　http://www.jswenyi.com
印　　刷　北京盛通印刷股份有限公司
开　　本　880毫米×1230毫米　1/32
印　　张　6
字　　数　79千字
版　　次　2021年10月第1版
印　　次　2021年10月第1次印刷
书　　号　ISBN 978-7-5594-5864-3
定　　价　39.80元

江苏凤凰文艺版图书凡印刷、装订错误，可向出版社调换，联系电话025-83280257

自 序

　　我以前身体不太健康，容易疲劳生病，经常四处寻找治疗方法。某一次，我在一本有关经络与穴位治疗的书上看到这样一个理论：人的心结与经络是相通的，心情烦乱常常会影响经络的畅通，经络不顺畅就会引发各种疾病。我在那个时候领悟到，心理健康与身体健康是紧密相连的，我的病，根源可能不在身体上。

从此之后，我开始留意自己的情绪问题。家庭、工作、个人追求……随着对每一个方向思考的深入，我渐渐摆脱了不太健康的状态，身体慢慢好了起来。我发现摆脱一种压力、一种负面状态，有时候只需一个简单的提醒。

　　在很多心理学著作中，这种提醒叫作心理暗示。我们对自己抱着好的态度，对未来抱着好的态度，慢慢地，这种积极的心理暗示会改变我们的行为方式，让一切朝着好的方向发展。

　　当我习惯给自己正向反馈之后，我的身体状况发生了巨大改变，基本没生过病了（当然我无法保证自己以后不生病）；以前我的胆量较小，上台讲话总放不开，容易紧张与害怕，自从我通过心理暗示进行自我调控以后，现在哪怕是面对成千上万人，我也不会害怕。一个人若能突破内心的种种困扰与障碍，生活也一定会发生改变。

　　在我渐渐好起来之后，我和许多人进行了心理方面的谈话——家人、朋友、客户，乃至网友。21 世纪刚开始的时候，天涯论坛比现在热闹很多，很多人对我倾诉了自己的苦恼，而我则试着用我总结的办法来帮助他们。

我没有凭空想过一个观点，捏造过一个苦恼，书里的一切都是来自我的生活和愿意让我帮助他们的人。或许阅读本书的你不会有什么感觉，但当你遇到了同样的压力或心理困扰，你就会发现，书里的方法有一定的实用性。

这是我第二本有关心理自助的书。2014 年，我出版了《谁的内心不纠结》，获得很多读者的喜爱。后来我忙于工作，把写书的事情耽搁了。直到 2019 年初，我发现以前大家讳莫如深的抑郁症成了网络上的一个热门话题。接着越来越多的人开始发现，心理健康是我们生活中的一个重要问题。2020 年中科院心理研究所和社会科学出版社联合出版的《中国国民心理健康发展报告（2019-2020）》里提到，18~34 岁的青年的焦虑平均水平高于成人期的其他年龄段，居民对心理健康服务的隐性需求不断增长。

我想，是时候再和我的读者朋友谈一谈了，看看大家这些年来有什么样的改变。和我之前的书一样，本书仍然有很多普通人的烦恼和一些化解方式。希望大家能够从书中找到摆脱困扰的方法，在今后活得更轻松、更快乐、更健康。

坦白地讲，心态好的人确实更容易获得幸福，因为幸福有时就是一种乐观的心态。其实每一个人或多或少都存在一些心理问题与困扰，只不过这些问题一般比较隐蔽，我们也不太会去重视，认为这些看不见摸不着的东西没什么大碍。实际上，心理问题不仅会让一个人活得很累，还会引发各种身体疾病。

一个人要想为别人化解心理困扰，首先应该有能力化解自己的心理困扰。如何化解内心困扰，方法也许有千万种，但从中找到最实用的那个却并不容易。

在本书的创作过程中，我最感谢的是我的好友龚伟雄先生。十多年前，他常来我的文体休闲中心打乒乓球，慢慢我们成了无话不谈的球友。他是我们当地的一位企业家，创办与投资过多家实业。在我的《谁的内心不纠结》一书出版之前，龚先生看完该书初稿后，说他也遇到过书中的困扰，感觉对自己很有启发，认为该书的实用性很强，值得出版与推广。在我完成本书时，他也是我的第一个读者。

我只是一个很平凡的人，喜欢探索各种身体与心理上的问题。心与心往往是相通的，这些方法既然可以在一定程度上改变我的心态与生活，它也应该可以给别人的生活带来一些改变。

2020 年 10 月 于临湘

目录

第一部分
看透生活中的"纠结"

第二部分
告别"累"的心理误区

第三部分
保护我们心中的"光"

第一部分

看透生活中的『纠结』

人生无数的压力与痛苦都是因为我们想得太多，当一个人完全停止了思虑，他的内心便不会存在太多的压力与痛苦。当我们发现眼前的思虑给自己带来了较大的压力与痛苦，但又不得不负重前行的时候，我们应该问问自己：它们是我们行走时保护我们的鞋，还是鞋里硌脚的石子？

第一章　改变他人不如宽慰自己

我们来世上走一遭，是为了体验世界的奇特和辛苦，我们可以改变世界，却不能随心所欲地创造世界。如果把每一样肉眼可见的东西都看成能量体，那么我们每个人都是一样的，我们不能改变自己的根本属性，人与人之间，能够相互理解就已经很好了。

与家人和睦相处的方法

降低对亲人的要求

我们家一共兄弟姐妹三人，小时候在一起生活时，我们相互关照，感情很好。我读小学四年级时，由于学校离家较远，我便开始在校住宿。在那段时间里，基本上都是姐姐在照顾我。我还清楚地记得，四年级第一学期，当我第一次端着盆子去学校旁边的小河洗澡时，我大姐特意叮嘱我要小心点，注意安全。其实那个时候我大姐还不满14岁，但在关心照顾我的时候，她从来不认为自己还小。

读小学时，我们的饭菜都是在家带好，然后在食堂的大锅里统一蒸熟的。有一段时间我们的下饭菜是干辣椒加小干鱼汤，而我们三个人的菜是用一个碗蒸的。当我认为最近几餐姐姐分给我的菜很少时，忍不住直接问二姐："我的菜为什么这么少？"二姐将自己饭里面的菜端给我看，然后告诉我她的菜其实比我的更少，只是一直不想告诉我，那一刻我真的好内疚好自责。

以前，我认为我们之间的感情会越来越深厚，但当我们各自有了自己的家庭和子女以后，我发现在一起的时间越来越少了，感情也似乎比小时候淡了一些。当我想到姐姐再也不会像以前那么关心我，我确实有些淡淡的失落与伤感。不过后来我想通了，也更理解自己的亲人了。

自古以来，人总有亲疏之别。做父母的最关爱的总会是他们的子女。所以同脉相连的兄弟姐妹，无论小时候感情有多么深厚，当他们有了自己的家庭和子女以后，相互之间的感情常常会变得冷淡一些。我们应该学会体谅自己的亲人。

有些时候，我们也许能够长久地跟一位普通朋友相处，却不能长时间与自己的亲人和睦相处，我想这或许就是因为我们没有正确理解亲情吧！

以一种正确的心态去看待亲情，适当体谅亲人，我们与亲人之间的矛盾自然会减少一些，快乐也自然会变多一些。

理解亲人的愤怒

我父亲性情有些急躁，经常发脾气。遇到这种情况时我真的很气愤。虽然我知道他很勤劳，也很关心爱护我，但我还是压制不住内心的愤怒。我不喜欢父亲这种急躁的脾气，但毕竟他是我的父亲，能怎么办呢？

冷静地想想，人急躁时的确很容易发脾气，父亲发脾气的时候或许是无法控制的。

父亲其实也是一个受害者，他是被自己急躁的性格害了。想到这些，我便发自内心地原谅了父亲，我内心的愤怒也骤然间停止了。原谅别人其实是在减轻自己的痛苦。

于是父亲发脾气时，我尝试着不去理会他、不去和他争辩，我发现自己当时的心情是无比轻松的。

当一个人冲着你发脾气时，你只要尽可能不去理会他、不去和他争辩，那么他的急躁脾气就不会伤害到你。

面对他人的坏脾气，当我们无法改变对方时，我们应该多想想如何去减轻它所带来的伤害。

有些脾气急躁的人，心地是很善良的，我们常用"刀子嘴豆腐心"来形容这种人。但是如果我们不懂得以柔克刚，不善于控制自己的情绪与心态，那么就算我们知道对方心地善良，照样会相处得很痛苦，甚至会因为一时的冲动造成无数悔恨或仇恨。自从懂得如何去应对父亲的急躁脾气以后，我很少再与父亲发生冲突。

　　任何人都有脾气不好与行为过激的时候，但只要这个人的品行高尚，那就一定要好好珍惜他，尽力去理解他的急躁脾气与其他缺点。

　　如果亲人的脾气比较急躁，那么你不妨告诉自己：我只要不和他对着干，不和他生气，他就难以伤害我。这个提醒可以让你摆脱憎恨与冲动心理，减轻对亲人的伤害，家庭关系就已经和睦了一大半。

以平常的方式去关爱子女

　　2006 年 9 月，我可爱的女儿出生了。看着她那圆圆的脸蛋，我真的很开心、很激动。我感觉生活变得更加充实了，责任也更大了。

她出生后的那几个月，我激动得不能安稳地睡觉。我舍不得离开她，希望能时刻守在她身旁，静静地看着她，看着她笑、哭、撒娇。那段时间我觉得自己应该以一种仁爱、友好的心态去对待身边的每一个人，因为他们曾经都是在父母最无私的关爱与呵护下长大成人的。

我还来不及细细品味自己的童年、青年，转眼间就成了人父。并不是因为我结婚太早，而是因为成长的过程确实很短暂。

父母总会对子女充满期望，我也如此。不过我明白，取得较大成就的人毕竟是少数的，所以我绝对不会因为对子女的期望较高就去给他们施加太多的压力。一个人并不是只有成功了才能活得快乐，平凡的人照样可以活得很快乐。就算成功非常重要，他人的强迫也一定不是通往成功的途径。

我很爱我的女儿，但是我不会因为爱、因为望子成龙就去给她施加太多的压力，从而使她活得很压抑、很痛苦，那样做除了会让她失去无数快乐之外，或许什么作用也没有，甚至会适得其反。反过来，如果我因为爱去娇生惯养自己的女儿，促使她形成一种消极懒散的生活习惯，那这种爱难道不是一种陷害吗？

　　我认为以最平常的方式去爱或许才是最好的。我希望天下的父母都能以一种将来要离开孩子的心情爱着他们，我希望我的女儿能活出她自己的人生。

认可他人的快乐与活法

　　当你觉得某人的歌声很刺耳时，你或许会希望他能停下来，甚至会直接叫他别唱了。此时你想过没有，如果他觉得自己唱歌难听，他会放声歌唱吗？

我不太喜欢看足球比赛，不管多大的赛事，我都无法从中找到乐趣。很多人迷恋足球赛，我真不知道是什么吸引了他们。当设身处地去想时，我便明白了：如果没能体会到快乐，那么他们是不会去迷恋它的。

人的大脑很神奇，不同的人有不同的爱好、不同的想法。我们不能因为感受不到别人的快乐就去否认或反对别人的爱好。应该相信他们一定是感受到了快乐，否则他们就不会感兴趣。所以我们应该理智地去认可他人的快乐与活法。

当你认可了他人的生活以后，便可以心平气和地去接受他人的想法与追求。这样人与人之间就会少一些因为偏见而带来的分歧与争吵，相处得更加融洽与快乐。

被人忽视是很正常的

在一本讲注意力的书上，我看到一位广告大师说："未来每个人都能够成名 15 分钟。"我觉得这话讲得不错，便满怀信心地将几篇自认为很精彩、很实用的作品发布到自媒体上，却发现并没有太多人关注与回应——我没能够"成名15分钟"。

每一个人或多或少都会有一些"自私"心理。我们总是希望更多的人关注自己、重视自己，但自己并不总会真心地去关注与重视别人。我总是希望更多的网友关注与回复我，却没有花什么心思去关注与回复别人，哪怕是一些确实很精彩的帖子，我也懒得去评论，只是走马观花地浏览一下，甚至觉得点击都累。

你肯定希望能够得到很多人的赏识与赞美，但是真心欣赏与表扬你的人其实并不多。请记住：很多人最关心与重视的永远都是他自己以及最亲的人，你的才华与表现很可能会被人忽视。

被人忽视是一件很正常的事情。被人忽视并不代表我们没有才能，并不代表我们说的话没有道理、没有思想，而是因为当前还没有多少人认真地看过、分析过。想让更多的人认可自己、重视自己，是需要一个过程的。

不要因为一时没人肯定就对自己的能力失去信心。有时候，我们应该更加关心自己，肯定自己。

想要获得别人的注意力，要么我们有超乎常人的天赋，要么我们要付出常人难以想象的努力。不必纠结是否被人忽视，自信一些，相信自己、积极努力才是最重要的。

很少有人故意冤枉一个人

"最讨厌别人冤枉我。"很多朋友、网友向我倾吐烦恼时，都会提到这一点。仿佛人生中百分之八十的委屈都来自他人对我们的诬陷和轻视。

大概四五岁的时候，我真真实实地被人冤枉过一次。

有一次，我们屋场有一户人家在粉刷外墙。那时候我们那里很少有人粉刷房子，所以我就很好奇地站在一旁观看。等到他们进屋吃午饭的时候，我走得更近了。我发现已刷好的墙面上夹杂着一片草屑，出于好意，便不假思索地将它扯掉。就在那时，刷墙的师傅从屋里走了出来，他以为我是在搞破坏，不仅将我赶走，还狠狠地骂了我一句。因为我只是一个四五岁的小孩，所以不懂得为自己辩护，只是慌慌张张地离开了。

在这之后，我多次和别人发生不愉快，也被人当面或者背后质疑过，但是我仔细想想，这些质疑都是事出有因的。我们已经知道了，人的注意力天生就是分散的，被人忽视很正常；同样的道理，很少有人故意冤枉我们，他们只是认为自己的做法是合情合理的。他们说出来的道理，在我们看来是荒谬的，在他们看来却有理有据。我们实在没必要因为这点儿事情生气，觉得被冤枉。

没有人天生就应该理解我们。

无须强行争辩

在与人交谈或辩论时，你也许会认为自己的观点很有道理，认为自己的口才很不错，但是对方眼中也许并非如此。在固执己见的人眼中你或许永远都不会是一名辩论强者，所以请你不要强求那些人接受你的观点。

或许你确实很聪明，但是在你还没有取得任何成就之前，别人往往是不会肯定你的。别人在你面前炫耀他的成就，甚至因此而瞧不起你时，你或许很不甘心，但此时在他们的心目中，你就是一名弱者。

不是我们不想去做一名强者，而是人生在世，身不由己。就算你再聪明、再勤奋，照样有可能会遇到失败与挫折。我常看到一些心理书中，将人和人的相处比作能量场，我们在这个能量场上交换能量。当我们和别人相处融洽时，我们之间的能量就强；当我们和别人相谈不欢时，我们之间的能量就弱。我们不可能单独存在，总是要和别人产生联系。一个人一生能认识的人非常有限，大多数的争吵都没有必要。

争强好胜之心人皆有之，因为强大是一种快乐，但是在力有不逮的情况下，与其逞强、不甘示弱，还不如放下架子，安心做一个普通人。只要能够保持平和的心态，普通人照样可以活得很快乐。当不成强者却又不甘做一个普通人，此种人往往会活得很痛苦。

专栏 ｜ 生气的危害

　　生气对身体的伤害确实很大，我们应该学会控制自己的情绪。生气时，我们一般是这样自我调控的：生气是在拿别人的过错惩罚自己；自己的快乐、健康比什么都重要；他不值得我生气等。我认为这些宽心方法虽然都有一定效果，但效果并不太明显。生气时，如果你按照我下面的方法去提醒自己，那么你基本可以迅速地摆脱气愤心理：

　　大多数时候，生气往往是别人的行为导致的，没有人会无缘无故生气。可是，别人的想法与行为是我们所能控制的吗？既然我们没有办法完全控制别人的行为，那么要想减少生气带来的伤害，我们可以选择忽略它。

开娱乐城的时候，我制定了歌厅轮流演唱制度，当时我老婆完全认可的，但是当我把制度张贴好后，她根本就不按那个制度执行，而且一直瞒着我。知道此事后我跟她吵了几句，我很气愤，因为她不仅不承认她错了，而且还跟我对着干。

　　我想了很多办法都无法让自己的心情平静下来，但是跟她对着干，结果肯定会更糟。

　　冷静分析过后，我终于想到了一个很好的让自己不再生气的方法。我是这么想的：她确实犯了一点小错，她也确实没有承认她错了，但不管如何，是生气更快乐还是不生气更快乐？我的回答是：不生气。当我告诉自己"如果不生气更快乐，那就不要生气好了"时，我发现自己很快就停止了生气。

　　很多时候，当对方犯了某些并不严重的错误时，其实你并不一定想生气，因为生气是难受的、痛苦的，而吵架就更难受，此时你要想让自己停止生气，只需提醒自己"如果不生气更快乐，那就不要生气好了"。为什么这么一个简单的提醒就能让自己停止生气呢？因为没有人不想活快乐一点，没有人会跟快乐过不去，所以这个提醒虽然很简单，但是力量却无比强大。

对方或许确实做错了什么，说错了什么，比如固执己见、自以为是，或者是无理取闹，但他强迫你生气了吗？没有。无论别人怎样气你，如果你下定决心不生气，那么别人是一定无法让你生气的。

有些人的言语或许确实很伤人，有些人的行为或许确实很令人讨厌，但你有必要为之生气吗？没必要。

假如你觉得生气很难受，假如你想摆脱这种难受心理，那你就不要生气好了，因为绝对没有人强迫你去生气，生气与不生气完全可以任由你选择。

但是，"不生气"的选择不要强迫自己接受。为什么不要强迫自己不生气呢？首先强迫是没用的，其次强迫不生气可能会让你更压抑，继而产生心理疾病。

生气时，你只要问问自己"我有必要生气吗"，你常常就不会生气了。真的有这么简单，这么神奇。因为你本来就没必要生气，你只是缺少了一次提醒而已。询问过后如果你照样很气愤，那么你只要提醒自己"如果不生气更快乐，那就不要生气好了"就行了。

第二章　接受不完美

这句话我们已经听烦了，但我还是希望它出现在标题上。没有一个人是十全十美的。如果说大爆炸前的宇宙是完美无缺的，那么如今我们视线中能看到的一切都是宇宙的局部，都是有缺憾、不完全的，这其中包括日月星辰，也包括我们每一个人。

减少追求完美的痛苦

有时我会因为自己不完美的容貌而不舒畅；有时我会因为穿着打扮不满意而不自然，却又无法找到一套绝对合意的行装；有时我会因为物件的摆设不太整齐，家具太过陈旧而心烦；有时我会因为房子的装修不太合意而不舒畅……我们时常因为不完美的事物而心烦。

这是为什么？因为我们一直在追求完美，总希望能改变这些不完美的事物，然后去享受完美的生活，却不知道如果一味去追求完美，那么我们永远会觉得不完美，因为完美是没有止境的，你越是去追求完美就越会觉得不完美。要想摆脱不完美带来的烦恼，就必须想办法接受不完美，其实接受不完美比改变它容易得多。当接受不完美之后，你就不会因为不完美而心烦了。

减少紧张感

我比较喜爱唱歌，也自认为有那么一点点水平。正因为这样，在公众场合演唱时，我总是希望自己能表现得很好，总希望自己能超水平发挥，但结果却常常事与愿违。我发现这样去演唱一点也不轻松，常常会比较紧张，而且此时的表现往往还不如自己平时的水平。

公开讲话的时候也是如此。我经常会因为怕出错、怕讲不好而紧张，怕引发大家的轻视或嘲笑而不敢大胆地发表言论。我发现，紧张不仅让我感到很压抑、很累，而且还导致我更加容易出错，更加讲不好。因为紧张，我尽可能不去公众场合发言，这样我锻炼的机会就变得更少了，锻炼的机会变少了，就更加难以让自己变得很大胆，更不利于提升自己讲话的水平。所以一个人一旦无法摆脱紧张心理，就容易进入恶性循环。

我开始琢磨这到底是怎样一种心理现象，怎样做才能让自己既轻松又能发挥出水平。

为什么在面对公众的时候，我们容易产生紧张心理呢？这是因为我们觉得自己不够好，担心自己发挥得差。冷静分析后我发现，其实这也是一个注意力集中的问题。

练习的时候，我们的注意力在唱歌或者演讲本身；真正上场的时候，我们的大部分注意力就放在了听众身上。这样自然无法发挥好。

有之前的练习为基础，我们不会发挥得太差，但就算发挥得再好，我们一般也只能表现出自己平时最佳的水平。有一种人是临场超常发挥的，他们一般很自信，能通过吸引别人的注意力来为自己提供能量。这种人是天生的演员，属于舞台，有过人的天赋，我们显然不是这种人。

所以，不要为自己设定太高的目标。目标越高，我们往往就会越紧张、越放不开，如果能发挥出自身水平的70%就已经很好了，我们应该把注意力放在平时的练习上。如果练习得足够好，即便发挥得不太好，也不会太差。

找到属于我们的"心流"

　　我看过一本有关网球的传记，很老的一本书了，叫《身心合一的奇迹力量》（*The Inner Game of Tennis*）。这本书的作者是一个网球教练，他在书里讲了一个细节：集中注意力关注自己呼吸或听球弹跳声的网球运动员表现得更好，那些习惯批评自己的人反而更容易失败。

　　作者说，我们心里都有一个"严格的批评家"，这个声音是专门评价自己的。当处于一种竞争状态时，我们很容易给自己很低的评价。而"垃圾""倒霉""废物"，这些评价词对我们自己的伤害是无法想象的。只有摒弃一切外在干扰，专注在眼前的事情上，我们才更有可能获得成功。

　　如果我们只是要求自己发挥出平时的水平，在自己熟悉的领域我们往往会比较有信心，因为我们本来就存在这种能力与水平。当紧张感减少后，我们往往会比较随意、放松，还会有超常发挥的可能。

进入状态后，我们的效率会有效提高，同样的时间可以当成三倍来用。我们甚至会感受到时光速度的不同：时间暂停了，周围的一切似乎都消失了，我们用有限的时间完成了几乎不可能完成的事情。

这就是"心流"的力量。它能够让我们变成另一个人——忘记自己的不完美，甚至忘记自己。一旦尝试过"心流"的力量，自然就不会纠结自己的缺点，而会将眼光放在更长远的地方。

达到"心流"状态后，我们很容易接受自己的不完美。只有接受了这个事实，我们的内心才能变得平和，也才能发挥得更好。只有认清不完美是一件很平常的事，才能减少心中的强迫感、紧张感。

追求"心流"，是一种通过现象看到本质的过程。在这个过程中，我们是身心合一的，不再只重视行动而忽略心态，也不再只注重外在的表象。我们追求的是心的稳定和对自己的信念。

我们只有透过表面看本质，才能消除表面现象带来的心理误导，进入"心流"。比如演唱歌曲时，表面上我们主要依靠的是喉咙，可实际上内部的气力以及赋予的情感才是让歌声变得优美动听的关键。明白这个道理后，演唱时，我们就不会一味地用喉咙去拼命硬唱了，而会尽可能用全身的气力去唱，尽可能融入情感。这样的话，我们既可以更好地发挥出自己的水平，又会感到无比轻松与舒畅。

接受自己的不完美，在追求"心流"的过程中忽略它们。不完美不会伤害我们，伤害我们的是不停地追求完美，以致走入了误区中的自己。我们要透过现象看到本质。

抱怨只会伤害自己

在经营娱乐城时，店门前的广告牌时常会被人弄坏，特别是那些办假证的人喜欢乱写，而且墨迹难以擦掉。包房里面的墙纸有时会被人撕坏，让我很心疼。

生活中，我们经常会遇到一些不顺心的事情，也常常会为此而心烦，进而抱怨。我们抱怨的时候，是想减轻自己的痛苦，但很多时候，这些抱怨就像枷锁，反而让我们更痛苦了。我那时候就觉得广告牌破损得更频繁了，墙纸也好像加速被撕光。

抱怨没有伤害到乱涂乱画的人，也没有伤害到那些没有公德心的客人，只是伤害到了我自己。我们无法让生活变得事事如意，却可以做到不去抱怨。面对损失与伤害，怎么做才能完全停止抱怨呢？抱怨时，我们想得最多的是损失与伤害，而没有将心思转移到"此时我能怎么办"这个现实问题上来。面对损失，当追问自己"此时我能怎么办"时，我们的内心一定会安定下来。如果发现有办法挽救，那就可以去行动，继而停止抱怨；如果完全没有办法挽救，就试着安心接受，不要因为不可改变的事情浪费时间。

第三章　识破面子

人都爱面子，做企业的更是把"输人不输阵"挂在嘴边。有时候我们可以输，可以不赚钱、掉里子，但是一旦觉得面子和里子一起没了，那可能日后就不太好相见了。爱面子，是为了让熟人觉得我们有能力、靠得住，让他们觉得我们过得好、高看我们一眼。这种心态能激励我们，也会让我们畏畏缩缩，不敢突破自我。

别为面子丢了胆量

在公众场合讲话时，有些人之所以胆小，我认为很大程度上是太爱面子造成的，比如害怕自己的讲话会引起他人的轻视或嘲笑。捅破了面子这张纸，那么在公众场合讲话，就再也不会胆小紧张了。无论物质条件如何，在与人交往时，你的言行举止都会变得很轻松、很自在。找不到正确的方法，我们或许终身会因为面子问题受困扰，一旦找到了有效的方法，一句话就可以让自己获得改变。

太爱面子真的会让我们活得很累，在这方面我的体会是很深刻的。有一次在离开他人的办公室时，我误将"慢忙"说成了"慢走"，当时我心里真的很不是滋味，感觉太丢面子了。这不是件大事，但也让我难受了好几天。

开车也是一样。当开档次较低的轿车时，我的身体并没有明显不舒服的感觉，但是当我的车跟高档车停在一块时，就常常会因为感觉丢了面子而沮丧与不开心。

刚进社会时，面对比较平凡的职业，比如服务员、零工等，我一点也不想去做。为什么呢？我并不是无法从体力上去胜任它，而是因为自己放不下面子。后来我发现，虽然自己选择了一些表面上看起来体面的工作，但这些工作实际上很累。比如有一段时间我在一家杂志社当记者，这家杂志社以商业盈利为目的，由于我既不善于写报告材料，也没什么社会关系，所以几个月下来我根本就没做成几笔业务，费的心却也不少。

爱面子其实并没错——有面子确实是一件很快乐的事情，有了面子就有底气。我相信大家看完此文后照样会看重面子，但如果"死要面子活受罪"，不能轻松面对丢面子这件事，那么我相信，面子带给我们的痛苦与折磨要远远多过快乐和自信。到了那个时候，面子不再是我们面对外界的一张名片，而是裹住自己前进脚步的破渔网。

面子和嫉妒

和面子有关的另一个重要的词就是嫉妒。说句真心话，我并不想去嫉妒别人，也知道嫉妒是一种自我折磨，没有意义，却经常会莫名其妙地产生嫉妒心理，可见嫉妒往往是不由自主的。

我嫉妒过别人的高档轿车，嫉妒过别人的豪华别墅。当我嫉妒他人优越的物质条件时，总觉得他们比自己更幸福，更快乐。其实我们嫉妒别人，归根到底是因为太在乎自己的幸福与快乐。仔细思考，嫉妒这回事和但丁说的几乎一样：我们是因为太过于喜爱自己的财富，才开始记恨拥有更多美好事物的人。

我们嫉妒别人，是因为太过于爱惜自己，在无须焦虑的情况下，感受到了威胁。

我们担心别人拥有比我们更美好的东西，担心自己拥有的一切贬值，这种恐慌是我们产生嫉妒心理的根源。可以想象，拥有的财富越多，我们越会担心贬值。我们嫉妒别人，进而有一些激进、危险的想法，这都是我们对自己的担忧。

"他那么好，我怎么办呢？"我们一直在试图寻找出路，寻找让自己的财富不会贬值的出路。这种财富可能是我们的容貌、钱财、幸福生活、子女的前程……因为过于担忧、焦虑，我们甚至已经觉得自己失去了所有，连人生都没有了。

　　其实嫉妒过后，我们还是得回过头来过自己的生活。我们的财富有没有贬值，也不是由他人的幸福与快乐决定的。有时候我们过于以自我为中心了，以为目光所及的一切都应该属于我们，以为自己才是最好的。其实，人生有太多种轨迹，我们能做的，只是早一点回过头来享受属于自己的人生。

　　我们总会在某个时刻觉得自己的人生比不上别人的人生，其实，别人也曾经这么想过。去珍惜那些真正属于自己的快乐，而不要过多地去和他人比较。什么时候我们的财富永远不会贬值呢？那就是在我们全心注视它的时候。不去看别人的生活，不把自己的财富拿去比较，那么我们拥有的一切就会成为无价之宝。

　　停止评估、停止比较，我们拥有的已经足够好，认真享受和努力过好当下属于我们自己的幸福生活。

面子和自我陶醉

　　通过对嫉妒情绪的分析，我们发现，面子是我们维护自己财富的决心和宣言，是我们想要挣面子，也是我们想让别人听到我们的宣言。从头到尾，整件事和别人几乎是没什么关系的。

　　面子也可以说是一种自我陶醉。我觉得我比别人强，我不需要嫉妒别人，别人应该来嫉妒我。为了证明这一点，我们简直走入了一个很愚昧的循环：为了财富，我们历经千辛万苦，为了只有自己在乎的风光，我们又挥金如土。

　　2018年春节过后，我在电视上看到这样一则新闻：

很多人在统计春节期间的账单时发现，过一个春节竟花费了自己好几个月的工资，有的人甚至把所有的积蓄都花光了。他们说，之所以花了那么多钱，主要是因为太要面子，过于攀比。买礼品，买衣服，送人情……都不想低于他人，不想在人家面前丢面子。

太多人沉浸在自我陶醉中了，甚至为此铤而走险。有的人通过不正当行径谋取钱财，虽然得到了金钱，得到了一时的荣耀与快乐，但最终把自己送进监狱；有的人常常会不切实际地消费，虽然经济不太宽裕，但照样穿名牌，开名车，过有今天没明天的生活；许多表面风光的人，内心其实压力重重，没日没夜地担忧自己的贷款。

自我陶醉是一件非常可怕的事情。虚假的快乐像梦一样破碎，残局有时很难收拾。快乐一时，难过很久。很多时候，即便我们已经不愁吃穿，不愁工作，但我们还在寻求一种心理上的安全感。我们小心地回避现实，不愿意承认错误，无法相信任何人。

有很多人会为了网络游戏一掷千金，为了打赏网络主播挥金如土，这是因为陷入自我陶醉中的人意识不到这是对自己财富的伤害。他们会认为值得，因为他们获得了面子，获得了金钱意义上的安全感，自我的存在得到了肯定。

事实上，爱面子是一种自我陶醉，并不能真正给自己带来什么快乐，别人表面羡慕了你，其实嫉妒情绪会让他们产生阴暗的想法。这对我们来说，很危险。

第四章　我们的皮囊

我用皮囊指代外表，某种程度上使我冷静地看待自己的身体。没有人不在乎自己的皮囊，不渴望受到他人的关注、信赖和喜爱。我们追逐时尚，用现代医学手段对自己的容貌进行调整，很多时候，只是希望被别人看见，想听一句：你没有那么差劲。

在意皮囊没有错

我在乘坐交通工具的时候常刷短视频，一来是工作需要，寻找一些达人合作；二来是短视频里有各种各样有趣的人，他们能让我在繁忙过后会心一笑。我发现，无论是扮丑还是扮美，每个人都是精心装扮过的：面妆、服装、发型乃至搭配的背景色彩。达人们这么做是为了什么呢？当然是为了得到别人的喜爱。

我们也经常做一些能够让我们的皮囊看起来精致的事情：拍照片的时候采用一些技巧，在后期精心地修饰一下；每个季节采购一些时髦的衣服……别人的喜爱和关注本身就是一种很珍贵的情绪价值，更何况，一旦这种喜爱达到一定量级，还可以用各种方式来变现。

我们见过很多通过皮囊的价值来变现的成功案例，我觉得这也是现代人更在乎自己形象的一个原因。这没什么可避讳的，无论我们想从别人那里获得哪一方面的价值，在乎皮囊都没有错。

我们珍惜老天爷给我们的一切，这其中当然包括皮囊。但是我们也要意识到一点：容貌是有上限的。这个上限有父母给的，也有现代医学技术给的，更有时间的安排。如果我们过于在意自己的皮囊，可能会造成信心的崩塌。

为了获得价值，我们应该做到哪个地步呢？当我们发现自己的容貌不完美时，很难受，甚至心烦。此时，我们做任何事情都是为了满足自己的需要。这有两层意思：我们想变美的出发点是好的，不必怀疑这点；但不能因为初衷是好的，就毫无顾忌地行动。

有很多爱美的人贷款美容，从而让自己陷入债务的坑里无法自拔；也有一些人因为觉得自己不够美，每日以泪洗面，得了抑郁症。爱美没有错，错的是没有节制。

接受皮囊

因为普通人很少依靠皮囊生活，所以大部分人很难认识到皮囊对我们的限制。我看过一些知名演员的传记、访谈，很多人都提到过皮囊对他们的限制，讲他们是如何戴着镣铐跳舞，完成角色演绎的。

　　我们普通人也应该意识到这种限制。村上春树说过，身体是灵魂的居所。或许我们的身体称不上富丽堂皇，但也为我们的灵魂提供了栖息之地。从这个角度出发，我们更不应该为了我们的皮囊发脾气。

　　就像我们的家，或许格局不够好，装修不太上档次，但是这毕竟是我们自己的地盘。房子能遮风挡雨，让我们有个睡觉的地方，累了有地方可回。当然，我们可以更改一些装修样式，换一套沙发，保持房屋整洁，但是类似敲断承重墙这种有碍房屋安全的事情却不能做。

　　更值得我们思考的是，这"房子"还是免费得来的。我们没有付出什么，就得到了这份礼物。这样一想，好像皮囊就没有那么难以令人接受了。

第二部分

告别『累』的心理误区

上学、工作、操持家务……很多人觉得人活着就是要挨累，一动就有各种事情要处理，还不如躺着。越这么想，整个人越懒散，早上起不来，晚上睡不着，拖延也成了常态。"越活动，越轻松"，无论是身体还是大脑，都如此。

第五章　轻松学习和工作的秘诀

有时候觉得人生好累，读书的时候考试累，工作的时候加班累，就连生病也是一件很累的事情。

我们真的很累吗？

表面上看，我们确实活得很累，但是当我静下心来细致分析时，却发现生活并没有想象中那么累。为什么呢？

在学校读书时，考试会给我们带来一种压力。这种压力在我们胸有成竹地解答某些试题，并逐一检查核验后荡然无存。在整个考试的过程中，真正冥思苦想、压力巨大的时刻其实是比较少的。

工作时也是如此。表面上看，我们的工作常常会比较操心，工作量也很大，但是认真想想又会发现：虽然工作往往不会很轻松，但是很累很操心的时刻其实是很少的。即便是我与他人商谈一笔重大业务，很紧张、很害怕、很费心的时刻也是比较少的。

那么，为何我们常常会焦虑与心急，感到压力重重呢？这是因为我们想的最多的是学习与工作中的难与累，而忘记了其中轻松的时刻。

比如上课时，我们常常会这样想：上课好难熬呀！好枯燥呀！上班时，我们常常会这样想：上班时间好难过呀！要办的事情太多了！这样思虑的话，我们的内心肯定会充满压力，也会感到很累，因为我们在朝累的方向思虑眼前的学习或工作。我们是在自我拖累。

告别自我拖累，学习与工作才有可能变得轻松起来。

生活中的很多累与压力都是心理误导造成的。那么，我们该如何摆脱此种心理误导呢？面对眼前或未来需要完成的学习或工作，请先想想它是不是很累很操心，并告诉自己：我可以轻松地完成。当想到自己可以轻松地完成时，你的心情一定会瞬间变得轻松起来，心中的压力也一定会瞬间消失，然后便不会焦虑与拖拉，从而进入一种正向的循环。

要想改变一种心情，其实往往只需要一个简单的心理暗示就行了。只不过我们一定要找准压力的根源，找到最容易改变此时心情的心理暗示，对症下药，否则可能怎么也摆脱不了此种压力，从而受尽折磨。

减少疲惫感

我们常常要面对一些机械性的工作：打包、记菜单、录入表格……这些工作，与其说是累，不如说是一种很难缓解的疲惫感，而这种疲惫感大多是久坐带来的。

早几年开娱乐城的时候，我的主要工作是收银与看管前台，坐着的时间较多，劳动与活动的时间较少。从工作强度上看我应该是轻松的，但那段时间我却经常感觉疲惫乏力，不想运动。那时我不去运动的理由是：现在我很疲惫，我应该多休息，等到自己不疲惫的时候再去运动。那时我并不知道自己其实进入了一个恶性循环：越缺乏运动越疲惫，越疲惫越不想运动。由于我无法让自己积极主动地去运动，所以那几年我的身体一直处于亚健康状态，经常需要看医生。

其中一位医生知道了我的职业性质后，给我总结了几个久坐的危害：一、造成人体乏力、失眠、记忆力减退、老年痴呆症等；二、加重人的腰椎和颈椎疾病；三、容易引发肛肠疾病；四、增加肥胖的概率；五、久坐伤肾，增加泌尿疾病的发生概率。久坐是个恶性循环：我们坐久了就会感觉乏力，往往不想活动；这种不想活动被我们错误地认作疲惫；越疲惫，我们越想休息，以为只有休息才会消除疲惫……我们以为不动是一种休息，这是一种错误认知。疲惫的时候不想动，所以我们想着等不累了再去运动，结果，越等待越疲惫。

缺乏运动与过度劳动都可导致疲惫，都可能让我们产生"停下来就轻松了"的想法。错误的心理意识往往会掩盖真理并误导我们的行为，让我们在不知不觉中失去理智。缺乏运动而疲惫时，如果你不明白"越休息越轻松"其实是一种心理误导，就很容易陷入恶性循环——越缺乏活动越疲惫，越疲惫越不想活动。这样误导了自己，那么你就会变得像我以前一样，工作是无比轻松的，身体状态却一直较差，并且找不到原因。

适当的运动，平衡身体和心灵的工作时长，是缓解疲惫的好方法。刚开始活动时可能有一点点累，因为此时你的身体处于乏力状态，但活动一会儿后，由于体力获得了提升，所以身体就会慢慢地变得轻松，变得舒服。这就会给身体和心灵之间带来一个正向的循环，让身心合一，减少自我的冲突。

自从我学会了用"越活动越轻松"这句话来激发自己，就总是能为自己创造运动的机会，比如能走路时尽量不坐车、开车或乘电梯，没事的时候尽量不要长时间坐着，而是多走动走动。也正因为我明白了这个道理，所以活动时我的心态常常会很乐观，因为活动可以让我变得更轻松呀！谁不想活得轻松一点呢？

有个朋友问过我，为什么告诉自己"越活动越轻松"，而不是"越活动越健康"呢？其实我们问问自己就明白了。虽然这两句话的意思差不多，但前者可以激发我们强大的活动欲，而后者则难以激发我们的活动欲。虽然任何人都明白健康的重要性，也无比渴望健康，但相对而言，轻松更容易实现。一时的运动无法让我们快速地达到健康的状态，却可以让人很快地找到轻松的感觉。

那些不懂得用"越活动越轻松"这句话来激发自己的

人就没有我幸运了。我发现身边很多人的生活习惯还停留在我之前的那段时间，哪怕一点点距离也不想走路，楼层不高也喜欢乘电梯，我经常为这些有机会活动却不去珍惜的人感到惋惜，因为他们错过了太多获得轻松的机会。

自从我运用"越活动越轻松"这句话来激发自己以后，我感觉自己的身体比以前健康多了，疲惫乏力的状态也减少了很多。之所以一句话、一个简单的自我激励便能让我获得轻松的状态，是因为这句话能让我持之以恒地坚持多活动，并且一辈子也不会忘记。当然，过度活动与运动也是不利于健康的，这样你可能会变得更累，所以"越活动越轻松"的前提是不能过度。

缺乏运动的时候，人其实并不是越坐或越躺越轻松，而是越活动越轻松。适当的时候，向你渴望静止的身体说"不"，让身体运动一下，放松我们的心灵，寻找到身心合一的感觉，让生活变轻松。

第六章　为苦累设定限制

所有活着的人都无法避开各种苦累，比如炎热、寒冷、疼痛、辛劳等，我们常常因为害怕苦累而焦虑、压力重重，最后懒惰拖拉。如果有一种方法，能让苦累看起来不那么可怕就好了。

需要脱敏的身心

有一件很有趣的事情：同样是从事体力活动，为什么旅游玩耍时我们常常不会觉得太累，而工作劳动时我们更容易觉得累呢？因为旅游玩耍时，我们的心情往往是轻松愉悦的，而工作劳动时我们的心情往往容易变得压抑与沉重。由此我们得出一个结论：心态的好坏会影响一个人的身体状态，心情越放松，体力就会越充沛；而心理压力越大，身体就越容易疲劳。面对苦累，如果你想让自己的身体不容易疲劳，想让自己的身体变轻松一些，那么你就必须尽力摆脱内心的焦虑与害怕。

还有一个现象，是针对身体而言的。刚刚进入夏季时，你常常会因为天气太热而难受，充满焦虑，可是当夏季快结束时，你却发现夏天并没有想象中那么难熬。为什么呢？因为身体的耐热能力会随着气温的上升慢慢增强，当耐热能力增强以后，人的身体当然就不会觉得那么难受了。比如炎热时出汗其实就是身体在以散热的方式增强耐热能力。

当气温上升时，身体的耐热能力会随之慢慢增强，同样的道理，当气温慢慢下降时，身体忍耐寒冷的能力也会随之增强。所以寒冬季节也同样没有想象中的那么难熬。

比如在寒冷的冬天，你从暖和的被窝里刚钻出来的那一刻往往是最冷的、最难受的，可过不了多久你就不会觉得那么冷了。

再比如冬泳看似很冷，但是它并没有我们想象中的那么难受与可怕，因为每一个人的身体天生就具备强大的忍耐寒冷的能力。冬泳时，当你忍耐寒冷的能力通过低温的刺激，完全被激发出来以后，你就不会觉得那么冷了。当然冬泳锻炼必须以循序渐进的方式进行，没有经过专业的训练，还是不要轻易尝试。

其实，以上这些身心脱敏的例子都需要一个循序渐进的过程。对于较长时间没有干过体力劳动的人而言，当他去从事体力劳动时，开始他可能会一天比一天累，但坚持一段时间（有时需要几天或者十多天）以后，他的身体往往会慢慢变轻松一些。因为人的体力会随着劳动强度的增大慢慢增强，体力增强以后当然就不会觉得那么辛苦了。对于较长时间没有从事过体力劳动的人而言，由于从事体力劳动的前段时间是最辛苦的，所以在这段时间内应该尽可能多休息，因为增强体力是需要一个过程的。

我们一步一步慢慢来，就会发现我们和苦难不再是对立状态，而是共存的。人生不可能没有苦难，但我们对苦难可以不那么敏感，而是在适应的过程中逐渐从容，生活不再是空中云，我们也不再无力地飘浮，而是踏踏实实站在地上。

苦难是有限度的

随着身心的脱敏，我们身体的承受能力与力量会自然增强，所以承受苦和累时，在不超出身体承受极限的前提下，适应一段时间后身体往往会变轻松一些。也就是说非常难受的时间往往会比较短，并没有想象中的那么难受，那么累。我所说的"比较短"，类似冬天起床。但有时它可能是几天或更长的时间，比如当天气突然变得很炎热时，由于很不适应，一开始你的身体可能一连好几天会疲惫乏力，然后才会慢慢变轻松一些、舒服一些。当然，当生病或劳动强度过大时，我们可能会越来越累、越来越难受，然后可能就难以坚持下去了。不过这种情况还是很少的，所以我们不必太担心。

"非常难受的时间往往会比较短"，面对寒冷、炎热、体力不足或者压力较大时，默念这句话，心中的压力与害怕会瞬间减轻很多。这是我们对未来的期许，更是对自己身心耐力的肯定。我们总会误导自己：承受苦和累的过程会一直很难受。事实上，情绪对我们的行为有着很大的影响，当我们害怕、压抑，处于悲观或焦虑状态时，我们的体力也会变得更弱小，继而就会觉得更累。

承受寒冷、疼痛或从事体力劳动时，虽然我们的身体有时会很难受、很累，但是只要承受的度合理，我们就一定可以承受它们，因为人的身体天生就具备强大的承受苦和累的能力。所以每一个人原本都并不弱小，有人认为自己不能吃苦耐劳，不能从事辛苦工作，往往是因为他误认为自己很弱小，不相信自己。在我们的日常生活中，几乎所有的苦累都不会超出身体承受的极限，我们之所以逃避这些苦和累，是我们发现潜在危险时，大脑下意识的反应。

当你因为害怕寒冷、炎热、疼痛或体力劳动等，而压力较大时，请你如此去暗示自己：非常难受的时间往往比较短，不超出身体承受极限我就一定可以承受。只要经常用这句话给自己心理暗示，你的心情也会随之改变，逐渐地就可以摆脱内心的压力与痛苦。前几次默念这句话时，你可能需要花费一定的精力，但熟练之后它会变得很快捷、很简单。为什么这句话的力量会如此强大呢？因为当你想到"非常难受的时间往往比较短"时，你心中的压力就一定会减轻一些；当你想到"不超出身体承受极限我就一定可以承受"时，你的身体就会瞬间充满一股力量，然后心情就会随之变得更轻松。

苦难可以减轻

面对压力，当我们体验到了心理暗示与调控所带来的明显效果以后，大家可能会产生一个顾虑：虽然效果很好，但我总不能时刻去进行心理调控吧？我哪里有这么多精力呢？长时间进行心理调控不是照样会很累吗？

通过尝试我发现，面对负面情绪与压力，当我进行一次有效的心理调控以后，较长时间不会再次产生同样的心理压力，就算在短时间内再次产生了，难受的程度也会有所降低。所以面对苦累所带来的较大的心理压力，我们只需一次又一次地进行心理调控就行了，并且每一次所花费的时间与精力往往很少，特别是当我们通过多次运用，慢慢变得熟练以后，调控就变得越来越简单，调控时间也会变得越来越短。通常来讲，面对苦累，我们压力最大的时候往往是即将开始行动或刚开始行动时，决定去从事辛苦的工作或第一次从事辛苦的工作时，身体总是很难受或很累。当我们已经开始了辛苦的工作或适应一段时间以后，心中的压力往往会明显减轻。

通过实践我发现，当辛苦的工作超过我们能承受的极限时，无论如何去调整自己的心态，都无法完全消除内心的压力。此时，我们常常因为压力太大而变得懒惰与拖拉，内心也会很痛苦。当压力变小以后，虽然它照样存在，但一般来讲，我们往往可以轻松地去承受它，可以与它共存。所以面对巨大的压力，虽然我们只能去减轻它，但其实只要它能够减轻，就不会对我们的生活产生较大的不利影响。

没有人愿意做一个懒惰拖拉、生活潦倒的人，只是我们常常不知该如何去摆脱苦累带来的压力。如果我们不懂得如何减轻这种压力，那么我们可能会一直逃避辛苦的工作，从而活得更压抑、更艰难。

专栏 | 有效的简单锻炼方式

以前我的体质不算太好，从事体力劳动时，身体容易疲劳，也容易感冒，而且感冒有时会持续一段很长的时间。不过自从我坚持锻炼以后，我的体质与耐力比以前强多了，比如我几乎没有患过严重的感冒，就算感冒了也不打针吃药，很快可以康复。坚持锻炼确实给我带来了太多的轻松与健康。下面这个办法可以让你更好地坚持锻炼。

锻炼时，我们想得最多的是锻炼过程中的苦与累，虽然这种苦与累并不一定很严重，但如果不能摆脱内心对它的畏惧，那么我们自然难以长时间坚持下去。让自己轻松坚持锻炼的心法又是什么呢？提前去想象锻炼过后的那种美好感受：很轻松很舒服，而且不易生病。

我的锻炼方式很简单，蹲马步、做俯卧撑、做仰卧起坐，每天早晚一次，每次也就几分钟，一般是做二十个仰卧起坐，十五个俯卧撑，蹲马步以不让自己感到太累为准，状态较好时还会做几个简单的深蹲。这些动作简单易行，不需要运动器材的协助即可完成，床上、沙发上都可以做。一套动作做下来，全身上下基本都锻炼到了。锻炼最重要的在于坚持，而不是每次的运动量有多大、时间有多长。如果过于追求运动量，每一次都让自己太累的话，我们反而难以坚持下去，最后什么效果也没有了，并且过度锻炼有碍身体健康。

因为怕累而不想锻炼时，提前去想象锻炼过后的那种美好感受，你就一定能克服怕累心理，从而更主动更持久地坚持锻炼。

第七章　每一次逃避都是无用功

面对许多难度较大的工作时，我们常常会认为自己没有能力做好，或者认为做这些工作比较累从而不敢去尝试与行动。这种逃避，没有让我们变好。

被低估的成长

大家应该都有过这样的体会：开始行动之前，我们可能会因为眼前的学习或工作比较难而压力重重，可是一旦开始行动，就发现它并没有想象中的那么难，甚至可以轻易做好。因为我们忽视或忘记了自己天生就具备学习的能力，办难事的能力。

所以，当面对许多较难的工作时，只要我们愿意尝试去做，或许就可以做得比较好。当然我们不可能一下子就能做好，因为从开始学习到熟练是需要一段时间的。比如在刚刚开始学习开车时，你可能很操心很累，但完全学会并且熟练以后，你肯定会认为开车是一件很简单很轻松的事。从事那些难度较大的工作其实跟学开车是一个道理，你只要去行动，去练习，时间一长，就一定可以做好那些工作。面对一些难度较大的工作，比如推销、设计、主持等，当你因为不相信自己可以做好从而压力较大，不敢去做时，请你告诉自己：只要去做，我就一定可以做得比较好。

重视大脑的压力

面对难度很大、要求很高的脑力劳动，开始行动之前，我们常常会感到很压抑、很焦虑，不断地暗示自己这是一件很难办的事情，要办好它肯定会很操心、很累。然而，到了行动时，这件事真的很累吗？真实情况也许并非如此。

因为我们没有办法瞬间明显提升或超越自己的能力，而是一直在自己的能力范围之内行动，所以一般情况下，采取行动是缓解压力的有效方式。当你压力较大时，请告诉自己：行动的过程是比较轻松的，因为我一直在自己的能力范围之内行动。想到这一点，你心中的压力一定会得以缓解，然后你便能减轻或摆脱拖延心理。当然，面对难度很大、要求很高的脑力劳动，由于我们需要付出很多的精力，所以行动的过程一般不会很轻松，但它也往往没有想象中的那么困难。

不必太在乎结果

向他人借钱时，我们常常会因为担心对方拒绝而不敢开口；跑业务时，我们常常因为怕谈黄而失去信心；应聘时，我们常常因为害怕失败而打退堂鼓……

太在乎结果，这是导致我们不敢大胆地、放肆地去做一些事情的主要原因。当我们过于看重结果时，我们的行为往往会变得束手束脚、犹豫不决。

那么行动之前，我们怎样才能摆脱犹豫不决所带来的困扰与压力呢？很简单，你只要问问自己"不去行动怎么能知晓结果"就行了。很多时候，结果是分析不出来的，只有在行动过后，成与败才会水落石出。

在努力过后，我们很可能也会遭受失败，但是多一次行动就会多一分希望，并且最严重的后果也只不过是被人拒绝而已。一般来讲，你并不会因此而遭受实质性的损失。

当你因为害怕失败而压力重重、犹豫不决时，请你问问并提醒自己：不去行动怎么能知晓结果？多一次行动肯定会多一分希望。

第八章　选择放过自己

我们常常会强迫自己：唱歌的时候，我们强迫自己唱得很好听；打乒乓球的时候，我们强迫自己进步……强迫自己的时候，我们很认真、投入，但这样做其实并不利于自己才智的发挥，而且还会很累、很压抑，甚至会得到很糟糕的结果。

强迫对记忆力的伤害

我曾经觉得我的记忆力不太好。读书时，我总是记不住英语单词。那时不像现在，可以从课外教辅工具或书籍中学到各种记忆单词的方法，我们往往只能死记硬背。因为记不住，所以我就总是很认真地、努力地去读、去背。虽然我下了很大的功夫，但是效果却不太明显。为此我常常感到压力重重。后来毕业了，我没必要再去记单词了。有一天，当我不再强迫自己，并以一种好玩的心态去记单词时，我发现自己其实可以很轻松地记下许多单词。

我觉得自己在下象棋方面是缺少天赋的，因为只要是稍有水平的人，我就很难下赢他。也许是天生就喜欢争强好胜，我越是下不赢就越是强迫自己去战胜别人。正因为这样，与人下棋时，我常常会无比认真地思考，却又经常觉得自己没有什么头绪。偶然的一次，我没有把赢太当一回事儿，而只是尽力而为，结果却出乎意料，我发现自己的棋艺猛然间提高了不少。

练书法也是如此。由于身心状态的原因，练书法时，有时感觉会很好，有时感觉会较差。后来，我尝试用平常心来看待练书法这件事情：永远不去强迫自己写得多好看，我只是尽力而为。在这种心态下，我反而有几次发挥得很好，得到过一些专业人士的肯定。

通过这几个偶然的发现，我得出一个结论：无论做什么事情，我们都应该不强迫自己，只尽力，用一颗平常心去面对。只有这样，我们才有可能更好地发挥出自己的水平。

专栏 | 提高记忆力的相关知识

多听古典音乐。有研究显示，当人们一边听古典音乐一边背书时，记忆力会更好。

心平气和，注意力集中。大脑在平静状态时最容易容纳新的信息。所以背书或记忆一个东西时，首先一定要让自己放松下来，等心平气和后再去记忆，可提高功效。

大脑清醒。大脑疲劳时，脑细胞的活动能力会有所降低，记忆力也会随之下降。当大脑疲惫时，你应该让大脑得到充分休息，然后再去记忆。正所谓磨刀不误砍柴工，善休息的人才是善用脑的人。

相信自己。你越是相信自己记得住，相信自己的记忆力没那么差，你就越容易记住。

快乐地记忆。心情愉悦可以增强脑细胞的活动能力，如果你把记忆当成是一件痛苦的事，或心中有压力，那么记忆效果肯定是差强人意的。

理解记忆。对记忆对象充分分析并理解，有助于记忆。如复杂的数学、物理公式，只要理解了公式的含义和推理过程，公式就自然而然地印在你的大脑中了。

适时复习，促进巩固。死记硬背的内容，要在尚未大量遗忘之前及时复习。遗忘的速度是先快后慢，对刚学过的知识，趁热打铁，及时温习巩固，强化记忆痕迹，这样的记忆效率是较高的。如果等到快完全遗忘时再去复习，那么前面的记忆也就白费了。

别和失眠较劲

难以入睡总是给我们带来焦虑感。时间已经很晚了，第二天又得准时上班，我们总希望自己快一点睡着，以免耽误宝贵的睡眠时间。可往往越心急越难以入睡。

这个问题也常常困扰我。因为工作上的事情很多，我常常无法保证足够的睡眠时间，即便很快睡着了，我还是有些不踏实，担心第二天的工作与生活。

为此，我也向一些专家进行了咨询。

长期的进化让我们的身体形成了这样的生物钟：光亮时，我们活动；黑暗时，我们休息。电的时代来临之后，我们改变了这一点。我们能够控制周围的光明和黑暗，我们可以主动安排自己的活动时间。这是科技带来的便利，但同时也带来了一些坏处。

一个成年人的正常睡眠时间应该是每天 7 个小时左右，如果每天晚上 10 点上床，早上 6 点半起床，那么我们躺在床上的总时间是 8.5 个小时。假如你每天睡眠时间只有 7 个小时（这完全不属于失眠范畴），至少有 1.5 个小时躺在床上睡不着。如果这段时间刚好属于晚上 10 点至 11 点半，你可能会因为自己每晚都无法迅速入睡而误认为自己失眠了。

我们以为的失眠，很多时候并不是失眠，而是我们拖着自己不去入眠。现代人的生活很累，好像被分割成了很多部分，以一种碎片化的身份活跃在社会上。而躺在床上的那一个多小时，会让我们格外珍惜，因为那个时候的我们是统一的整体，不被打扰。

偶尔少睡两三个小时，虽然起床时可能会有点难受，但并不会明显影响我们第二天的工作与生活，因为这种强度没有超出身体的极限。所以偶尔难以入睡，我们根本就不必着急。怕的是长期如此。如果经常躺在床上睡不着，我们可能会烦躁不安。我们以为"失眠"给自己带来了太多的困扰与折磨，其实这样的熬夜只是伪失眠，又因为焦虑，伪失眠演变为真失眠。

我们躺在床上的时间太长了，但为睡眠做的准备远远不够。无论睡眠时间有多么短，我们都应该为入睡做准备。哪怕已经凌晨 5 点钟了，而 6 点钟就要起床，我们也要想到这一点：最重要的并不是睡多久，而是能睡着。没有必要为你已经失去的睡眠时间懊恼，把握住接下来的一个小时即可。

当你发现难以入睡时，请告诉自己：睡着这件事不是我能控制的。你不再强迫自己入睡了，将睡眠交给身体来掌控，心态自然会变得平和一些，就会更容易睡着。

有时在入睡前，确实会有很多事情找上我们。平时想不起来的细枝末节，当前生活中的重大选择……它们盘踞在我们脑中，像窗户上贴太久的不干胶一样难以对付。那么，不如在黑暗中思考一会儿吧，你只有满足了思考的欲望，才能更快地停止思索。

随意地思考那些问题，保持一个平和的心态，无须

强迫自己。最坏的结果能是什么呢？不过是 5 点入睡，6
点醒来。

如果什么方法都试过了还是睡不着，其实也不是什么
大事。顺其自然吧，睡不着的时候不如做点儿自己喜欢的
事，完成那些一直没有完成的工作，等心里的石头落地了，
自然也就睡着了。

不要和失眠较劲。早点关灯、少看手机，确保入睡环
境舒适，让每天的入睡成为一个舒缓的仪式。坚持一段时
间，如果这些还不能缓解你的失眠状态，去问问医生，他
们会给出让你满意的答案。

学会演讲：你不必说服所有人

演讲是个人人必备的技能。学生讲话、职场人讲
PPT、企业家谈合作和投资，现在很火热的直播带货、脱

口秀……宽泛地说，每一种和人沟通的方式都是演讲，只是听众数量的多少和听众在哪里的区别。

以前，由于胆量不是很大，上台发言时我的语速较快，好像有人在催我似的。可结果呢？语速过快，就会导致台下的人难以听清，而听不太清，大家就不会专心地听我讲话了，这样一来场面就变得很糟糕，我也因此更不自信。我还发现，当我语速过快、停顿的时间太短时，我就没有充足的时间去思考、去酝酿下一句，这样我就会更紧张、更容易出错。

后来我创办了几个企业，和很多投资人与重要的项目对接人有过一对一的讲话和一对多的宣讲。我发现，我们在讲话时完全可以从容一点、慢一点。根本就没有人催我们讲快一点，规定的时限内，哪怕是身价过亿的老板也会耐心倾听。心急只会让我们显得不专业，准备不充分，不够自信。

之所以心急，实际上是我们自己在催促自己。我们要学会控制自己的语速，因为别人给我们时间，就是对我们的肯定。

在演讲时，总是希望所有人都能被我们打动和说服。我想说，我们不必说服所有人，只要能达成一定的沟通效果就可以了。特别是面对重量级嘉宾的时候，不要试图用一次演讲来打动他们，能打动他们的一定是你给他们带来的前景——社会性的、经济层面的。只要给听众留下印象就已经足够了。当我们抱着这个想法去演讲的时候，自然就不会觉得紧张了。从容、自信才能给我们带来更多机会。

得体的仪容可增强自己的信心

女士在仪容上要注意几点：以套装为宜，化淡妆为佳，头发不可遮住脸部，鞋子最好是有跟的，身上的配饰一定不能过多。男士在仪容上要注意几点：以深蓝或深灰的西服为佳，配素色衬衫，头发需整齐、阳光。

面部表情一定要自然

面部表情不能过分严肃，很多时候应该做到适当微笑。微笑不仅可让观众感觉轻松舒服，而且有利于放松自己的心情，调剂现场氛围。当然不该笑的时候千万不能笑。

把持好演讲时的姿势

站立时，张开双脚与肩同宽为最佳，挺稳整个身躯，但要适当自然，不可过于僵硬。尽量不要垂头，人一旦"垂头"就会给观众一种"丧气"之感。

要有轻松自由的手势

得体的手势有利于增强自己的信心，凝聚观众的注意力。但做手势时，一定要轻松自如，手势动作的范围应该在腰部以上，因为观众一般关注的是你的上半身。

适当走动有利于交流

在条件许可的情况下，演讲时尽量不要一直站在一个地方，这样会让人觉得很呆板，没有活力；适当移动，有利于照顾各个方向的观众。移动也能很好地舒缓自己和观众的紧张情绪。

一定要努力让观众听清楚

如果观众不能听清楚你的言语，那么你的演讲肯定是失败的，场面也肯定是糟糕的。为了让观众轻松听清，首先语速应该平缓，不能心急；其次，声音不可过小，虽然不必如雷贯耳，但也绝对要让别人听见；再次，演讲不宜使用过长的句子，尽量做到句式短小；最后，尽量运用通俗易懂的常用词语和一些较流行的口头词语，使语言富有生气和活力。

演讲时要从容一点

不要自己催自己，规定时间内，没有人催你讲快点。不心急，你就一定能讲得好。

第九章　快乐并不难

日子过得简单一点，我们照样可以活得很快乐、很幸福。对快乐所抱的希望越大，我们所能享受到的快乐往往就会越少。如果不懂得知足，总去为那些得不到的快乐悲伤、失望，再奢华的生活也未必快乐。

从无聊中解脱出来

过于繁忙的时候我们会渴望清闲，可是当过于清闲时，我们又会觉得无聊。繁忙的工作与生活常常会让人觉得难熬，不过无聊有时会更加难熬。

有段时间，我发现自己怎么也找不到一部好看的电影或电视剧。很久以后才知道，其实并不是电影不好看，而是我的心态出了问题。

无论什么电视剧我都看不进去，总觉得没有想象中的好，但是放弃，又觉得有点儿可惜，想看看后来发生了什么。就这样，希望越大失望就会越大，看到最后可以用心不在焉来形容。

我为电视剧付出了时间，却没有得到和想象相匹配的快乐，但是我没有停止看电视剧，而是坚持看完了。这种无法收回的支出，在经济学上被称为"沉没成本"。

如果仔细想，会发现我们想打发无聊时间，结果却收获了更多的无聊。叔本华把无聊称为人生最大的"敌人"，罗曼·罗兰则认为无聊是比工作更大的负担。可以说，想要快乐，我们首先要对抗的不是工作的压力，而是要摆脱无聊对我们的控制。

为什么刷手机不会让我们快乐

我们寻求快乐的时候，总试图从多个方面同时出发：看电视、刷抖音、吃美食、看直播、购物……我们总在不停地切换，很少有停下来的时候，渐渐地不再关注内容了，而是不断地对接收到的一切进行评价：够不够搞笑、时髦、有趣、炸裂……我们的注意力很快就被分散到了不可思议的程度。

在人类早期的时候，注意力难以集中并不是一件坏事。我们的大脑能够迅速地将注意力从一件事转移到另一件事上，时刻关注周围环境，避免危险在进化过程中，警惕性差的先祖们早早地被淘汰了。我们习惯这样评估周围环境，并且幸存下来。

注意力的分散让我们时刻保持警惕，也在内心深处告诉我们：周围并不安全。这种深植在基因里的能力，对现在的我们来说，已经没有什么用处了：一来，我们的社会已经足够安全了；二来，这种潜意识层面的不安全感，令我们恐惧、烦躁，无法拥有快乐。

　　恐惧中的动物无法正常进食，我们也无法在不安全的时候感受到快乐。所以，刷手机不能为我们带来真正的快乐。我们会在放下手机的时候感受到空虚，是因为分散到各个地方的注意力无法为我们解决实际问题，因此产生了无力感。我们应该保持专注，长时间的专注能够为我们提供安全的环境、成就感和某个领域的真实感受。

找到自己的兴趣爱好

　　罗素认为爱好是我们抵抗无聊、获得快乐的基础方法。很多人都提过这一点。这里我们要注意，刷手机可不算什么爱好。真的爱好是需要我们投入专注力的。

　　我有两个爱好：书法和唱歌。练习书法到底能给我带来什么快乐呢？每次写完之后，看到成品，我的心情都会很愉悦，并会对自己的书法——笔的收放、字的结构调整等有一个评价。第二个爱好是唱歌，因为我开过一段时间娱乐城（有 KTV 的包房），所以我有大把的时间可以来练习这件事。除却天赋型的歌手和天生缺失音感的人，其实我们大部分人都能通过练习来掌握这项技能。

好的爱好能够让我们越来越好。书法能提高一个人的气质；唱歌能锻炼一个人的身体。很多人会说，"我没什么兴趣爱好"。其实，并不是我们没有，而是我们懒得找到它。我们宁可抱着手机惶惶不可终日，也不愿意真正地让自己活动起来。

能在短暂的快乐后感受到安全、平静的活动就是很好的爱好。快乐其实就是一种舒畅的心情，获取的难度并不高，只要我们注意方法就好。

高质量的自我期待

自我期待和快乐有着直接的关系。希腊神话里有个叫皮格马利翁的皇帝，他沉迷雕刻，将全部心血投入到一尊象牙雕刻的少女像上，后来他的诚心打动了天上的女神，这个少女变成了活生生的人。心理学用这个皇帝的名字来指代期望效应：如果你的期望足够强烈，就会梦想成真；即使你想的都是不好的事情，这些不好的事情也会发生。

神话中，这位皇帝的期待能得到满足，但在现实生活中，这种期待很明显是不可能实现的。每个人都对自我有一定的要求，畅想自己会成为什么样的人。这种期待是人活着的一种证明。当然，我们的生活需要期待，没有期待的人生让我们感到疲惫，但是过高的期待也会让我们产生无望的感觉。

所以，我们应该寻求高质量的自我期待而非高标准的自我期待。高质量要求我们在认识自己的基础上，给自己制定标准。我们经常会去羡慕那些声名显赫之人，认为他们的人生才是最快乐的，并且期望自己也获得那样的生活。这个自我期待的标准明显高了，没有质量可言。

也有一些人的自我期待值是很低的。面对什么事情都觉得自己做不好，没必要争取，连放弃自己都是悄无声息的。我们应该警惕"觉得自己不够好"的感觉，毕竟我们每个人都是这个世界上独一无二的存在。

只为可改变的事情发愁

我们好像总为不能更改的事情发愁，总是在担心还没有发生的事情。无法活在此时此刻，这是太多人无法开心的症结所在。

经过多次探索与尝试，我发现，我们是无法以自我调控的方式来彻底摆脱忧愁的。即便你在调控心情，难免也会思虑那些不开心的事情。不把那些不开心的事情完全忘记，你的心情又如何能变得很舒畅、很乐观呢？

冷静地想一想我们便会发现，人生是我们所能想得清楚的吗？

人生在世，我们思虑过的事情真的太多了。我们思虑过死亡、思虑过衰老、思虑过未来、思虑过钱财、思虑过健康……不过当我们冷静地分析时就会发现，我们的思虑大多是多余的，是起不到任何作用的。

人生无数的压力与痛苦都是因为我们想得太多，当我们学会停止不必要的思虑，心中的忧愁便会随之消失，快乐也会随之而来。想象它会有何用？当你发现眼前的思虑给自己带来了很多的烦恼，却又没有什么作用时，你应该如此问问自己。

放过未来才能快乐

我其实挺佩服那些坐禅和冥想的朋友。在我看来，那些活动无比简单与枯燥。有一次我没忍住，询问了一位朋友，冥想能让他快乐吗？他没正面回答我的问题，而是对我说，如果不明白简单也是一种快乐，不能保持平和的心态，不能放过未来，那么便不算修身养性。我不是智者，我大约在生意失败了几次之后才领悟到一点点他所说的智慧。

我们确实应该放过未来。孩提时，我常常认为自己长大后肯定会活得更轻松、更快乐，因为可以从繁重的学业中解脱出来，也可以摆脱老师与父母的严格管制。我们常常因为期望太多而不能安心地生活，不能好好珍惜眼前的快乐，总把更多的快乐寄托于未来实现某一愿望之时。

十年前，大多数人的交通工具都是摩托车，而开小轿车的人较少，我发现我们都能安心接受这种交通工具，也不觉得冬天骑摩托车会很冷。但如今很多人的交通工具变成了小轿车，我们习惯了小轿车给我们带来的舒适与快乐后，会认为冬天偶尔骑摩托车是一件无比难受的事情。为什么此时我们难以再去接受这种艰辛呢？因为我们总是在跟坐小轿车的人比较，总是在想象坐小轿车的那种舒服与快乐。当我们在想象一种快乐与美好的生活而又得不到时，常常会感到很痛苦。

想象中的快乐永远是最快乐的。我们寄托了太多希望在"未来"这个项目上，错过了很多眼前的快乐。再说得简单点儿就是我们活得比较浮躁。很多时候，我们的心思并没有停留在今天，我们总认为只有当自己富有了、健康了、成功了、长大了之后才能很快乐。

成功之后、疾病治愈之后、富有之后……明天或将来的生活确实有可能会比今天要轻松一些、快乐一些，但是你知道吗？明天的快乐明天才能享受，我们今天面对的还是今天的苦乐。

人生苦短，我们应该好好珍惜快乐，但是太在乎快乐的人反而会失去更多快乐，因为他们常常会因为强求快乐、害怕失去快乐而失落与痛苦。我们把快乐看得太重要了，认为少了一些快乐人生就会遭受重大损失，而忽视了我们根本没有办法留住任何快乐。

快乐是享受当下的过程，只有真实地活在当下，我们才会感觉到快乐。

不要因为自己很平凡而失望，因为最简单的才是最珍贵、最快乐的。

退一步海阔天空

练书法的人也许常常觉得自己功夫下得很深，但进步却不明显；爱好唱歌的人也许常常对自己的嗓音感到不满；写文章的人也许常常觉得自己缺少天赋，弄不出大作来……

有许多痛苦往往是我们期望太高，寄托太多，只能进、不能退造成的。如果退一步会是什么情况呢？你的天赋或许确实很差，你或许确实不能把字练得很漂亮，你也许不具备优美动听的歌喉，下棋时你可能常常会输给别人……不过就算是这样又有什么关系呢？你不是照样可以快快乐乐地活着吗？

练不好就练不好，唱不好就唱不好，写不好就写不好，下不赢就下不赢，这一切其实都可以乐观地接受。并不是进步了，表现得很好了，我们才能享受到快乐。抛弃内心的种种强烈渴望，抛弃所有不必要的压力，这样去生活或许才是最快乐的。

把进步与结果看淡以后，我们照样可以去练书法，去唱歌，去写作。这样做能不能取得很大进步，我不知道，但我可以肯定，这样做一定是最快乐的。

很多时候，我们并不是因为痛苦而痛苦，而是在为那些得不到的快乐而痛苦。当你因为强求快乐或太在乎快乐而失落与痛苦时，请你告诉自己：我有一万种快乐的可能，不必纠结眼下这一种。如此提醒过后，你心中的失落与痛苦一定会瞬间减轻或消失，继而便能以平和的心态去看待那些无法得到的快乐。

转移目标

退后一步，并不意味着我们放弃了。就像我们放过未来，并不意味着我们放弃未来。

练书法时，当我的目的不是写得很漂亮，而仅仅是身心健康时，我感觉无比轻松，此时我没有任何紧张与不自在的感觉。健身时也是如此。虽然我没有刻意地去追求美，但是由于我的心情彻底放松了，我发现自己反而发挥得更好了，能够把动作做得更标准。打乒乓球时，当我的目的不是进步，也不是战胜别人，而仅仅是为了健身时，我感觉无比舒畅。由于心情变得很舒畅了，我发现自己的水平也会有所提高。

明白了这个道理以后，在练书法或唱歌时，我会降低快乐的标准。我承认它们不能给我带来欣喜若狂的快感，却可以让我活得更充实，也有利于身心健康。降低快乐的标准以后，我便可以安心去享受更多微妙的简单的快乐。

这是我和快乐相互理解之后，达成的合理目标。没有目标我们就没有动力；目标过高，我们就没有快乐。就像观赏一部电影，它能给我们带来多少快乐，只有观赏过后才能确定。如果在欣赏它之前，我们就对它能带来的快乐抱太大希望，那么多半是要败兴而归的。

不要对付出很少就得到的快乐抱太大希望，也不要认为不工作、打发时间就会快乐。快乐往往在我们心平气和时才会降临。

简单也很快乐

我们的一生中，奇妙与欢快的时光毕竟是有限的，更多的是平平淡淡。平淡不是煎熬，也不等同于无聊，它只是一种生活的常态，是快乐的基础。

如果认识不到这一点，我们追求快乐的出发点就已经错了。放过未来就是调整预期，放低我们的要求，寻求可行的目标，感恩简单的生活。每个人都曾想做生活的主人，但是慢慢我们会发现，能够平淡生活，就已经是我们所能追求的快乐人生了。

吃饭简单吗？简单。快乐吗？快乐。特别是饥饿时。

观看电视简单吗？简单。快乐吗？快乐。特别是欣赏那些无比精彩的电影或电视节目时。跟亲人朋友一起聊聊天，一起玩乐，简单吗？简单。快乐吗？快乐。特别是当自己无比无聊与空虚时。

生活中简单易得的快乐真的太多了，无须我一一列举，这些快乐并不是只有那些身份显赫的人才能拥有，所有寻常的人都能轻易获得。假如缺失了最简单的快乐，就算你是千万富翁，就算你开着名车、住着豪宅，就算有再多的人关注你、追捧你，你的人生也索然无味。

生活中无数简单易得的享受与快乐，才是人生最需要、最珍贵的，而那些我们穷其一生也无法得到的人生却并不一定是最快乐、最需要的。只要好好去珍惜与把握那些最简单的快乐，你就可以活得很成功，你就没有虚度光阴。

心态平静时，我们就会发现，清静其实也是一种享受。我们不去过多地渴望喧闹，明白简单生活就是最大的快乐，心情自然就会平静下来，快乐将接踵而至。

第三部分

保护我们心中的『光』

在这部分里，我想讲一讲我自己以及信任我的朋友。跟专业的心理咨询相比，我对论坛里网友的回复或许根本就谈不上是心理咨询，但既然网友那么相信我，我就不能让他们太失望，所以我学习了很多心理知识，把自己当成了一名心理咨询师，这一做就是十几年。我喜欢与人交流，喜欢倾听他人诉说自己的苦恼。我们从来不是个体，人总在互相帮助中成长。

第十章　创业是石头里长出来的树

　　我从来不觉得失败是坏事，在屡屡失败的过程中，我得到了极为珍贵的东西，它们促成了我今天的成功。创业不是什么飘在空气中的伟业，而是从石头里长出来的树，成功率是有的，但是并不高。盲目乐观是创业的大忌，创业一定要量力而行，面对成功机会再大的项目也要做好失败的打算，因为成功只有一种，而失败的可能性却有千万种。

失败中获得无数教训

　　我中专毕业后，由于一直没找到理想的工作，后来选择了创业。第一次创业的项目是自行车改电动车。这次创业我不是一个人，而是与我的一位表哥以及表哥的一位战友三人合作进行的。我们一起开办了一家将自行车改为电动车的店子。店子名称叫中科远华电动自行车。2004年春节前后，多家电视台播出了自行车改电动车的致富广告，在我表哥的提议下，我们三人很快达成共识，不久便开始采购配件、学技术、租房子。起初我们的店面租在临街的二楼，每次将自行车改好后，我们将其抬至一楼，然后试骑，如果有大问题，再抬回二楼修理或改进。后来，由于太不方便，并且听说这栋房子不久将会被拆除，我们将店子搬到了一条岔街上。有了上次的教训，这次我们租的是一楼门面。

虽然我们接到了几单业务，但由于零件不配套，经常出现各种问题，比如速度提起来后，刹车容易失效；经常掉链子；最严重的是电瓶容量不足，跑着跑着就没电了。由于问题层出不穷，越来越多的人不相信我们的技术。坚持半年后，我们不得不亏本关门。店子还没关闭，我表哥提前去广东打工了，另一位合伙人去城管上班了，只有我守到了最后。店子关闭后，我的手机号一直没变，因为这样方便我帮一些客户修理或调换配件。这次创业，我将借来的三千多元全亏掉了，而且后期还得处理很多售后问题。

自行车改电动车的店子刚关门，我马上进行了我的第二次创业，开办文体休闲会所。其实还在经营电动自行车时，我就利用空闲时间策划了文体休闲会所。这次创业比上次投入更大，总共投了三万多元。会所名称叫陌生人文体休闲中心。主要项目有报纸杂志阅读、小说出租、交友、乒乓球、卡座休息等。通过四个多月的经营，我发现我主推的这些项目虽然收费低，但消费的人不多，所以根本就赚不到钱。2005年春节过后，我发现爱好唱歌的年轻人很多，所以我再次投资，增加了KTV项目。由于资金紧张，也没任何经验，我设计装修的KTV非常简陋低端，不过收费不高，又是县城里首家按小时计费的ＫＴＶ，所以生意还算可以。由于房租、水电开支较大，设备损耗也很大，并且需要不断升级改进，这些年我只是小有赢利。

休闲中心我一共经营了八年。这期间，一共改过两次名，由"陌生人"改为"月光城"，最后增加了两名股东，改名为"红歌城"。由于精力有限，2012年我们将红歌城转让给他人了。

转让休闲中心，是因为2011年我与一位有过多年餐饮管理经验的表哥共同成立了长沙曙辉餐饮管理有限公司。当初我认为办公司肯定比经营休闲中心更有发展前景一些，也会轻松一些。不过经营餐饮公司时，我发现这个行业并没有想象中那么简单、轻松，反而竞争极其激烈。我们虽然接过几个大单，但照样没赚到什么钱。后来，由于业绩没太多起色，我就让表哥一人在公司经营，直到2018年餐饮公司才完全转让出去。

到这个时候，我其实已经涉足了好几个领域，但都没有成功，好在没有大的亏空。2013 年，我终于找到了我的事业方向。

我的家乡临湘是"中国浮标之乡"，短短十几年，我们当地由一家浮标厂发展到了几百家浮标企业。2013 年上半年，在袁老师的同学方总的提议下，我们三人成立了一叶舟钓具公司。我们最初的想法是公司化品牌化运营，但为了有利于销售，所以工商注册时我们登记为一叶舟钓具厂，后来变更为一叶舟钓具公司。之所以决定合作创办钓具公司，理由有两点：一是有属地资源，投资绝对不会太大；二是方总具备多年管理经验，并且愿意担任执行总裁。

虽然创办钓具公司时，我计划以投资为主，不过多参与管理，但事与愿违，方总在公司工作一段时间之后决定辞职，我和袁老师赠送 10% 的股份给他作为激励，希望能长期留住他，但仍旧没有效果。方总离开后，我不得不亲自管理公司。

通过这次创业我发现，很少有一个项目可以只须投钱而不必操心。创业根本不是一件飘在空中的事。一家公司像一个永远长不大的孩子一样需要我时时关心。从这以后我决定，以后哪怕有再好的项目，我也不能轻易投资了。因为一个人的精力是有限的，如果同时干几件事，那很可能一件也干不好。

通过这些年的创业我发现，投资一个项目之前，我们往往会比较乐观，总认为赚钱的机会很大，但真正开始经营的时候，现实绝对会比想象中困难得多，特别是在经济增速放缓时。所以盲目乐观是创业的大忌，创业一定要量力而行，绝不是胆大就可以成功。

有时候人一旦开始创业，就容易越陷越深。我们常说工作应该胆大心细，我认为创业更应该胆小心细，如果一味抱着应该会成功的侥幸心理，不去切实考虑失败的后果，很可能会铸成大错。成功机会再大的项目也得去做失败的打算，因为成功只有一种，而失败的可能性却有千万种。

办企业一定要有危机意识

做生意、办企业一定要有危机意识，这个道理虽然大家都明白，但我们可能只是在这样说，并没真正这样去做，因为我们太想抓住每一个机会了。

为了办好企业，我和董事长到处学习，比如参加了名牌大学的管理培训班。我们不想错过任何一次学习的机会，为了既节省学习成本，又能学到更多知识，他的总裁班开课时我会跟着去听，我的高管班开课时，他也跟着我学。虽然我们为了学习与提升舍得花钱，但我们有一个原则：千万不能被忽悠。因为很多老师打着培训的幌子骗取钱财。不过即便我们已经很小心、理智了，还是受骗了。

2016年下半年，我们公司三名负责人在长沙参加了一次有关股权融资的免费讲座，当时主办方给我们展示了成功案例，长沙一家做包子的连锁公司通过他们平台一次性融到了一千万元。他们说名额有限，成功率高，但得交纳三万元服务费，否则不会推荐我们去贵阳举办的投融对接会。他们还讲，在投融对接会现场，我们可以见到很多投资机构及投资人，只要对自己的项目有信心，就一定能融到资金。

虽然我们存在很多顾虑，觉得有风险、怕受骗，但还是被现场的气氛感染了，一致认为值得一搏。我们几人再三商量后，当天下午就通知财务将服务费转给主办方了。我和董事长去贵阳后发现，前两天的安排照样是听讲座，理由当然是为见面会做准备，但我们感觉其实是在给我们洗脑。只听了一天的课，我们就完全意识到上当了，很多其他学员也有这种感觉，但他们都不敢揭穿，更不敢要求退款。晚上听课时，我们与另一个年轻的学员大胆地站起来，要求退款。主办方为了稳住场面，要求我们去旁边的房间和解。接下来我们花了不少心血，采取了不少措施，最终成功追回了全部服务费。

开始，主办方只同意退还我们公司的服务费，为了帮助那位跟我们一起要求退款的年轻小伙子，我们便延迟离开贵阳，主动帮他想办法。后来，那位小伙子很感激我们，他跟我们讲，他大学毕业没多久，那三万元钱对他来讲真的太重要了。后来，通过微信群我们发现，那些继续听课的学员，没一人融到了资金，而且服务费也退不了。

按理说，同样一件事，我们不应该两次受骗。可结果并不是这样，因为骗子抓住了企业对资金的强烈需求，然后设计重重圈套，让人难以识破，防不胜防。有些时候，你或许根本不知道自己到底属不属于受骗，或者很久以后才能明白自己实际上被骗了。那次差点被骗没多久，我和董事长去深圳参加了一次投融对接会，到了现场我们同样没见着一个投资人，只不过既然交了学费，课还是要听完的。有一名老师讲课说，只要有好的项目，他可以帮我们策划、优化项目的路演PPT，然后可以亲自为我们组织召开项目融资路演。当然，他们也以图片方式展示了无数的成功案例，这些活生生的案例确实让人心花怒放。与他们合作的前提条件是交纳六万元服务费。如果与他们合作，他们不仅帮我们组织一场融资路演，而且还教我们如何进行公司股改，如何运用股权激励人才，提供项目 PPT 及各种规范合同的模板等。

听完课我们并没有相信，也没有拒绝，犹豫半天后，我们还是觉得有一定道理，当场交了订金，回公司没多久，便交清了余款。因为他们说工作很忙，只有尽快交清余款，才能尽快安排各项工作。后来那位老师确实来帮我们召开了一场项目路演，只不过所融到的资金并不多，当然通过这次活动，明显提升了我们公司在当地的影响力。

其实花费几万元钱，对于一个稍大的企业而言，或许并不是什么伤筋动骨的事，可关键是通过那次活动，听了老师的那次讲课，我们做出了一个错误的经营决策，这个决策带来的损失真的让我们企业栽了一个大跟头。他的方案就是免费开店模式，以股权捆绑钓友的方式开直营店，公司控股，让钓友投资出钱。如此一来，公司可以以零成本的方式开办很多直营店，然后将产品快速卖给那些钓鱼的股东。当时我们的口号是"不花一分钱，做渔具店老板"。

开直营店时公司上上下下都信心满满，一片沸腾，近乎疯狂，只不过后面的酸甜苦辣，真的一言难尽。后期由于资金紧张，我们及时调整战略，停止开办直营店，继续做加盟店。这次公司能够死里逃生，减轻亏损，我得感谢公司资金不足，如果公司资金雄厚，我们肯定会亏得更多，后果可能是致命的。

对于公司这次遭受的重创，相信不恰当的理论指导只是导火线，领导者的经营能力不足、盲目自信、危机意识不强才是主要原因。正因为盲目自信，所以我们只进行逻辑推理后便开始大面积铺开，而并没有试点，如果先小范围试点，那肯定不会遭受这么大的损失。那么我们为何不想试点呢？其一，急于求成，希望公司能瞬间做大，成为行业的佼佼者，让投资人尽快得到丰厚的回报；其二，我们不想被同行业的其他大公司发现这个模式，担心他们复制。

其实如果我们的危机意识很强的话，这些理由都算不上是理由。一个企业做慢一点照样可以成功，但在经验、团队、资金等都不成熟的情况下急于求成，那么后果可能是毁灭性的。

回想那次教训，我感觉我们顶层的决策能力远不如公司一名周姓女员工。对于我们当初没有听取她用心良苦的劝阻，我表示深深的悔恨。公司那次项目融资路演的晚场是在酒店举办的。在酒店听完老师的讲课后，公司几位负责人及部分员工在客房里讨论开办直营店的事，那名周姓女员工也刚好在场。当时，除了那位周姓员工反对之外，其余在场的全都同意这个方案。姓周的员工不只是反对，而且是极力反对。因为我们都没把她的反对当回事，她很生气，便当场脱掉公司的工作服，然后离开房间，并表示对公司失去了信心。

当然，生气归生气，第二天她照样在公司上班。直营店模式开始实施的时候，有一天，她诚恳地跟我和董事长说，就算要开直营店，也应该先找地方试点，当完全可行的时候才能在全国铺开。因为公司上下都很相信这个模式，再说试点会耽误时间，所以我们没有采纳她的意见。发现我们不同意她的观点，她迅速拿起一支笔重重地往地上一摔，然后气冲冲地离开了。当时，我们并没有把她当回事，甚至觉得她有些偏激，有些傻。现在想来，如果当初听了她的意见，公司肯定不会遭受那么大的损失。她为何能做出如此准确的判断呢？我百思不得其解。也许她提前发现了我们没能发现的问题与风险，只是不善于表达，无法说服我们。她可能是这样分析的：如果模式那么好，为什么其他企业不这样去做？没有试点，怎么能够完全凭分析来确定它的可行性？

对于任何一个项目，一个新的模式，无论我们认为它的成功率有多大，实际运作过程中都会出现很多意想不到的问题，一个小小的问题便可以让你全盘皆输。

后来，公司的李总跟我们讲：做生意要分析人性，公司与钓友合作开店，表面上很不错，但实际问题很大，因为你们无法完全掌控各个店，你们将货发出去之后，钱并没有全部收回，钱一旦控制在店长的手上，你怎么能保证全部收回？你想想，当今社会，有意从别人手上骗钱的事屡见不鲜，更何况他只是拖着不给。从法律上讲，从协议上讲，直营店的控制权确实属于公司，但实际并不是这样。店出了问题时他们肯定会找公司，赚不到钱时他们肯定会找公司，而赚钱的时候店可能就是店长与钓友们的了，大不了他们不再跟你合作了，自己去订货，或者从你公司少量订些货，大部分销别人的货，并且还会找理由说你们公司的货不符合当地的需求……如果这样，遥遥路远，全国各地，你可以去跟他们打官司吗？且不说不一定能打赢，就算打赢了，你也不一定能追回钱财；就算追回了，花费也可能会超过你所追回的钱财，而且还会影响公司的正常经营。

这些观点虽然并不完全正确，但还是很有道理的。我们不能因为自己讲规矩，就认为别人一定会讲规矩；自己诚信别人就一定诚信；自己不陷害别人，别人就一定不会陷害自己……

办企业一定要有危机意识，并且这种危机意识不能只是随便说说，一定不能只往好处想，要多想想失败的后果。虽然失败是成功之母，但如果是承受不了的失败，一次便可以毁掉一个人的一生。

急于求成害人匪浅

我们经常讲成功没有捷径，特别是创业的人千万不能急于求成。可在追求成功的过程中，我们激动的心情或许根本就静不下来，不知不觉间便开始急于求成了。

任何一种成功都有一定的道理，谁要想破坏它，谁就可能会遭受巨大的失败或损失。当今社会很多大企业之所以会一夜之间倒闭，主要原因就是他们盲目扩张，急于做强做大。创办一叶舟没多久，我们几位创始股东无比渴望公司迅速做大，成为当地的骄傲，成为全国的大品牌。在核心创始人的带领下，通过多次听课，我们了解到企业可以借用资本的力量迅速做大。其实一开始我们对资本一窍不通，有一天，当我们跟一位所谓的资本专家近距离接触后，我们创始股东全都兴致勃勃，认为企业找到了出路。我们知道，关于企业上市这件事，一般企业是想都不敢想的，但那位资本专家对我们是这样讲的："无论你的企业现在有多小，只要你们有梦想，只要你们想上市，就一定可以实现。"渴望将企业做大，渴望上市其实是没错的，但急于求成可能会酿成大错。

当一叶舟的规模还很小的时候，我们只做浮漂，那时开支很小，也有一定利润。自从我们开始资本运作，找到了一些投资人以后，我们感觉自己似乎可以飞起来了。

2015 年下半年，我们开始启动连锁店，公司产品由原来只做浮漂变为钓具系列产品开发。快过年时，在我们产品还没有准备好，甚至连有的样品都还没做好的情况下，我们便决定在长沙举办招商会，并且还邀请到了公司的代言人——湖南卫视节目主持人、《爸爸去哪儿》中的李锐现场主持。虽然那场招商会还算成功，但由于我们是在时间不充足、研发能力很弱的情况下进行产品开发的，第二年，所有加盟连锁店都对我们的产品比较失望，持续订货的并不多。在举办那场招商会的前一个多月，我们全体人员日夜奋战，特别是几名核心负责人几乎每天晚上加班到 11 点多钟。

因为急于求成，我们付出了太多的艰辛，结果却一点也不美满，甚至很糟糕。当然，亡羊补牢，为时未晚。怕就怕不懂得反省，不能从失败中吸取教训，然后及时调整思路，如果这样，那就真的无药可救了。当我们认识到了核心团队管理能力的不足、资金实力的不足以后，我们找

到了更有实力更有能力的股东来操盘与管理公司，我相信
一叶舟的明天一定会很美好、很成功。

商场如战场，不能打没准备的仗。在公司团队、资金、
产品等没有到位的情况下，强行去发展壮大，去做大事，
结果往往是人吃了亏，戏不好看。

第十一章　生活中的意外

我们总是为人生制订计划，期望一切按照计划发展，可是我们没有办法保证意外与不幸绝对不发生。我们寄生在地球上，一切都是体验，所有都是经历。林语堂将人看作流浪者，我们要经历流浪者的快乐、抵制诱惑，保持探险意志。人生就是一次冒险的旅行，意外总是无法预知的，我们能避免滚水浇头，就已经很好了。

三次受骗

1999 年，中专刚毕业没多久，我去岳阳的一家劳务中介机构找工作。走进办公室，接待人员对我讲，有一单位急需聘请一名文员，只是要求会写毛笔字。我刚好毛笔字写得还不错，所以马上答应了对方，愿意应聘这份工作。碰巧的是，用人单位的负责人刚好在中介中心，他现场要求我写几个毛笔字。由于有点紧张，我感觉自己并没发挥好，但那负责人说写得很不错，可以录用。接着他立即带我去他们单位。我清楚地记得，去他们单位时，我们既没有打车，也没有坐公交，而是同他一起走路去的，走了一千多米。开始他没告诉我他是什么单位，到达目的地后，我才发现其实他也是做劳务中介的。在临街二楼租了一间很破旧的办公室，然后在一楼竖立了一块中介服务信息牌，上面也有一些招聘信息。他说："你就在这里上班，主要负责接待以及书写告示。"虽然我对这份工作一点也不满意，感觉不像个单位，但总比没工作好，所以便将就着同意了。后来他接着跟我讲："你得负责接待，可能会收一些中介服务费，可我跟你不熟，所以你得交些押金后我才能放心让你做这份工作。"由于刚刚走进社会，我根本没想到这是一个骗局，我以为自己真的找到了工作，便交钱给他了，当时交的好像是50元。后来，当我高兴地去上班时，发现门紧锁着，等了好久也不见那个"老板"现身，此时我才发现自己已经受骗了。

如今看来50元钱或许并不多，但那个时候，很多普通员工每月的工资只有300元。受骗后我终于明白了，那两家中介机构实际上是在合伙骗人，只是他们演得很逼真。

开娱乐城时，有一个晚上，一名中年男人跑到吧台跟我套近乎，他说他以前在我们当地的税务局上班，与局里很多人都熟，当我说出税务局几个人的名字时，他说都认识。聊了半个多小时后，他突然说出门忘记带钱了，问我能不能借给他300元钱急用一下。我当然不太相信，毕竟不认识他。他说真的是急用，不信的话他打电话给我认识的税务局里的朋友，让他担保。我说没必要打，不必麻烦别人。虽然我是这样说，但还是不太相信他。他发现我一直在推托，就很自然地从手上摘下一枚戒指，说怕我不相信，所以将戒指押在我这里，明天还钱给我时再来领戒指。此时我不太怀疑他了，便借300元给他。第二天他并没有来还钱，当我打电话问我税务局的朋友认不认识此人时，他说不认识，从没听说过这个人的名字。过几天，我将那戒指给识货的人鉴别，他说那是一枚假戒指。我都不好意思将这事告诉别人，怕人说我傻。

回过头来分析，我恍然大悟。当我问及税务局几个人的名字时，不管是否认识，他都可以回答认识。他为了消除我的心理顾虑，所以假装打电话给我认识的朋友担保，他猜测我很可能会碍于情面阻止他，不过这一举动让我感觉他一定认识我那朋友，否则怎么会有朋友的电话号码呢？可实际上他根本就没有朋友的联系方式，只是在演戏而已。当我犹豫不决的时候，他知道时机比较成熟了，顺势提出用戒指做质押，这样我当然就全信了。

同样是开娱乐城的时候，一天下午，一名年轻人走到吧台前，说要买一包烟。当时他买的是 8 元一包的烟，他拿 100 元钱给我，让我找钱给他。我将 92 元零钱找给他后，他突然说他从身上找到零钱了，要我将那 100 元还给他，我迅速将 100 元拿给他了，然后接到他给的 10 元钱后，再找给他 2 元钱。当时我没发现有什么不对的地方，到了晚上，突然觉得找钱的过程中哪里出了问题，只是又记不清到底哪里出了问题。我立即核对当天所收的现金与账目是否对得上，清点过后，我发现所收现金与应收现金刚好差 92 元。此时我彻底明白自己上当了。

　　这件事现在听起来像个笑话一样——我也确实在网络上看到过类似的笑话。为什么我当时糊里糊涂将那 100 元给他之后，却没有收回已经找给他的那些零钱呢？我后来冷静地想，大概那时候身体状态确实太糟糕了，再加上这个人用语言误导了我，在收起 92 元之后，过于自然地提起找到零钱的事。事发的整个过程很短，我没有任何防范意识，跟着他的思路走，完全进入了他的圈套，不知不觉就上当了。

　　我一直将此事记在心里，思考他是否有可能不是故意的。我后来找到了负责诈骗案的警员进行了咨询。他对我说，这是一种利用逻辑思维偏差来诈骗的手段，我没躲过也并不奇怪，很多小店经营的收银员都遇到过这种情况。即便我当时识破了他，他也只要说自己忘记了，就可以化解了。

　　他就是存了心骗我。因为吧台在二楼，从一楼到二楼有很远一段距离，一楼临街面有很多超市和便利店，他为何要特意跑到二楼的娱乐城来买一包烟呢？

　　骗子的手段总是让我们防不胜防，因为他们专门在研究这一套"技艺"。当然，与人交往时，只要多一些防备心理，那么较大金额的上当受骗一般是不会发生的。

碰 瓷

2000 年下半年，我在岳阳一家油墨制造公司做业务员，有一次公司派我外出调查市场。我从公司预支了 500 元差旅费。出门时我知道外面不太安全，所以我将这些钱分两处存放，一部分放在背包里，一部分放在钱包里，而且钱包里的钱又分两处放着，将其中的 100 元暗藏在钱包较为隐蔽的放卡片的地方。

在某个城市，一天早上，刚吃完早餐，我高高兴兴地去走访市场，在一条较为偏僻的街道上，不经意间，一个中年男人跟我碰撞了一下。路很宽，我也并没有东张西望，所以无意碰到的可能性非常小。当时我并没怎么在意，正当我想离开时，那个男人从地上捡起一个已经摔成两半的小瓷器要我赔钱，说这是一个古董。我说我没钱，也不是有意的。正当我跟他理论时，旁边突然多了一个人，我感觉肯定是他的同伙。当我并不愿意给他赔钱时，我发现那人用另一只手往衣服里面掏，像是要拿刀子之类的凶器。毕竟我当时只有20岁，从没见过这样的事，再加之身处一个人生地不熟的地方，我只能无奈地掏出钱包赔钱给他。当时我已经明白他是在敲诈，我也意识到了他们要的肯定是钱财。钱包刚一掏出，便被他们抢去了，他将钱包里看得见的钱全部拿出来，应该不到200元。为了减少损失，我马上向他们求饶，说我离家还很远，要他们留点车费给我。也许是他们觉得我很可怜，还真留了些钱给我。

为什么他们把我当成了碰瓷的目标呢？其一，我很年轻，个子也不高大，所以好控制；其二，我当时穿的是一身黑色西服，背着一个皮包，所以认为我有钱。还好，我在出门前将钱存放在几个地方，所以我还有200多元，以支撑我继续进行市场调查。要不是早有防备，我可能真的连回家的车费都没有了。那个时候还不流行手机，所以找人救助还真比较难。

因为出了这件事，我没心情再继续进行市场调查了，随便跑了几家文印店之后，便去了下一站——宜昌。在宜昌街上的一个角落，我遇见了一名算命先生。由于心情无比低落，我便想找他算一算，看看是不是最近命中注定有这么一劫，也看看未来的事业与运气如何。钱倒是花了几元，但算命先生并没算出我前一天发生的事情，关于未来，他也讲得含糊不清。总之一句话，我照样很迷茫，很失落。

遭遇碰瓷或其他意外事件时，一定要冷静，一定要去分析对方的心理，一定要以人身安全为重，因为你的慌乱可能会激发对方做出严重伤害你的行为。

灾 害

突然发生的灾害，会造成巨大的损失，给我们带来了短期内很难消除的恐惧。逝者的恐惧跟随逝者定格，而幸存者所承受的痛苦，同样是难以诉说的。

我们是幸存者。无论将来如何，我们此刻都是幸运的。活着总有人生的价值，哪怕是有许多不如意。我们心中有着面对未知命运的担忧，还有说不出口的疲惫和愤怒。而这些说不出口的情绪，只会堆积在我们心里，等待我们自己消化。

人类历史是如此漫长，而个体的生命又是如此短暂。当亲人离开我们，我们知道了生命的无力。我们应该好好珍惜眼前的幸福与快乐，无论是顺境还是逆境，一定要保持乐观向上的心态。

我们憧憬着未来，生活在现在，记挂着过去。不公平的感觉会从心底生发：为什么有些人没有我勤奋与努力，才能也不一定比我强，但是他们的收入却比我高呢？为什么有些人很幸福，有些人却很不幸呢？为什么平安度过漫长人生的人不是我的亲人呢？

幸存带给我们深沉的感受，让我们思考什么是不幸。伊壁鸠鲁对快乐的阐释或许可以给我们一些启发，他说：

"死不是死者的不幸，而是生者的不幸。"我们失去了心爱的人，会感觉到离别的苦，但是他们已经无法为此苦恼了。我们生在这个世上总是要追求快乐，而快乐是我们的欲望得到满足后的宁静状态。活着的人追逐欲望，所以无法永享安宁，我们只能尽力让自己的内心多一些平静，多体会宁静的好处。

一时不幸运不代表一生不幸运，前半生不幸运不代表后半生不幸运。关于幸运，最重要的其实是懂得珍惜，而不是去强求与在乎，因为运气是好是坏我们只能顺其自然，而强求是不会有任何作用的。失去的不知什么时候会回来，但我们可以把握拥有的。

不管是好是坏，我们都得去接受命运的变化无常，因为我们没有办法预知未来。在接受的基础上去努力改变现实，就算存有再多的怨言、再多的遗憾，我们也要尽力快乐地度过一生。

第十二章　活着的念想

一个人的一生其实很长。有一些名人说人生苦短，那是他们看到了宽广世界，领略了大智慧之后，以一种超脱人类的视角来感叹的。就我们普通人而言，一生很长，充满了难以解决的问题。我们永远需要支撑和帮助，而支撑我们的精神、给予我们帮助的人也构成了我们漫长人生中最重要的部分。

舍不得的父母和舍不掉的孩子

我的祖辈世代以务农为生，父亲为家中长子。由于家境贫寒，父亲没读过什么书，据说就接受了一二年的启蒙教育。父亲告诉我，他读书时，贫穷的孩子吃的是学校里的烂红薯，他实在吃不下，隔很远闻着那味儿就受不了，因此他选择了弃学。有好几次，我爷爷将他送进学校以后，刚走出学校，他便偷偷跟着回家了。

父亲十四岁那年，开始从事修筑龙源水库的工作。由于工作过于艰苦，他几次中途辞工回家，但看到家中弟弟妹妹无法解决温饱问题，也只能忍受压力，重返工地。他经常对我说，修筑水库不仅辛苦，而且相当危险，因为经常会发生意外伤亡事故，他自己就遇到过一次。当时筑建库堤时，石料和沙土是用板车装好后，通过索道一台一台拉上去的。上坡时，同一索道上同时挂上数十台板车，如果前面的板车意外脱离索道，那么后面的人很可能会受伤。有一次，父亲前面的一台板车突然脱离了索道，情急之中，父亲双手支撑板车，然后用力往上一跳，才躲过一劫。

我读小学二三年级的时候，家乡还没通电，晚上我们都是在煤油灯下完成作业的。有一个晚上，我不记得是作业较多还是题目较难，我的作业很晚了还没完成，父亲就提着煤油灯帮我照明，这样我可以看得更清楚些。我知道父亲很早就要起床劳作，当作业所剩无几的时候，我对父亲说，只有一点点没完成，还是明早再做吧！他说，晚一点没关系，完成了再睡吧！后来他一直提着煤油灯，直至我完成作业。父亲虽然没什么文化，无法辅导我做作业，但我深切感受到了父亲的那份温暖、那份关爱。

我读小学三年级的时候，有一天晚上，父亲在外烧炭，天黑了才回家。我将自己所写的一篇作文读给父亲听，他觉得很不错。当时我的老师是我的三姑父，他刚好那天晚上在我爷爷家。父亲知道后，虽然他已经很累了，且外面还下着大雨，但他毫不犹豫地打开大门，向山另一边的爷爷家走去，将这篇作文送给三姑父看。一方面他是想分享这份喜悦，一方面是希望我能得到姑父的指点。其实我的那篇作文并不一定写得多好，但在父亲眼中，它就是精品，就是希望，就是寄托。

父亲希望我成绩优异，能考上一所好的学校，但无论我成绩如何，他从未责怪过我。读初中的时候，有一次期中考试我的成绩退步了，印象中是退到了第九名。我自从读初中开始，成绩一般是班上的前三名。回到家后，当父亲问及我的成绩时，我突然号啕大哭起来，因为我觉得我让他太失望了。不过，我父亲非但没有怪罪我，反而安慰我，说这是很正常的，下次多努力便行了。

初中毕业后的暑假，我和父亲去岳阳走访一位亲戚。回家的路上，客车因方向失灵，猛然间开到路边的农田里。我和父亲坐在一排，但两人中间隔着过道。出事的那一刹那间，父亲飞快地拉住了我的手，而我根本就没能反应过来，可能是迷迷糊糊在睡觉。在危难发生的瞬间，父亲第一时间想到的是我的安危，他在用全部的力量保护我。还好，那次事故有惊无险，因为旁边刚好是农田。不过如果再早十几分钟出事，可就没这么幸运了，因为路旁是几米高的峭壁或深沟。

在几十里外的大山上烧炭，在陡峭的山林里伐木、扛树，在城市的建筑工地上劳作……我的父亲已经六十多岁了，但照样还在一些建筑工地上干活。父亲常跟我们说："我干了别人几辈子的活。"

人生在世，身不由己，我当然希望父亲早点歇息，安享晚年，但这些年经商不顺的时候，他还是会为了我着急。为了减轻我的负担，他虽然年岁已高，却还是没有停止打工赚钱，贴补家用。

我的父亲让我知道男人是什么样子的。我在他深沉的爱里长大，年过三十的时候仍然有勇气从头再来。可以说，我对这世界的乐观态度是从他那里学到的。我永远真挚地敬爱着他。

母亲的呵护与爱，我是无法用文字表达清楚的，虽然有无数的感动与感激，却又似乎都比较寻常，不知从哪儿说起。我的母亲是一位普通的农民，她对我说，年轻的时候她还认识几个字，也会写一些简单的字，但后来由于一天到晚劳作，再没接触过什么文字，所以她几乎将所认识的字全忘了。没有文化，没有祖业，我的母亲全靠那双勤劳的双手，将我们三兄妹培养成人。

我六七岁的时候，有一天，患了重感冒，母亲背我去大山那一边的乡村医院打针。快到山顶时，也许她实在太累了，就问我能不能走。我说，走不动。她就蹲在地上，让我靠着她的背站一会儿，然后再次艰难地背着我前往医院。到医院后，当我打完针去其他房间找她时，发现她也在打针，此时我才知道她也感冒了，说不定比我感冒得更严重。我终于明白，母亲背我时为何那么艰难了。虽然我当时还小，但我分明感受到了母亲的那份坚强与爱。

我读小学五年级时，有一次晚自习，也许是太想念母亲，太希望母亲陪伴着我，我用铅笔刀在课桌下边轻轻地刻了"妈妈不死"四个字。我希望自己的母亲长生不老，我不能接受母亲会老去、未来会离开我这一事实，所以我便以刻字的方式来为母亲祈祷、祝福。

　　小学五年级的暑假，我在学校补课。一天中午，有几个同学到一个池塘里游泳，由于水较深，有一个同学差点溺亡，后来被另一个同学救了，不过救他时另一个同学也差点发生意外。下午放学后，我也不知母亲是从哪里得到的消息，她跑到学校问我一同去游泳了没有，我说没去。这时，她从口袋里拿出两个梨子，然后再次追问我："如果你说实话，我就将这两个梨子给你吃。"我再次表明没去，她这才放心了。其实我当时已经快要读六年级了，并不是小孩了，但她仍然认为我还很小，所以非常不放心。那一刻，我完全感受到了母亲担惊受怕的心情，也感受到了母亲永远也放心不下的叮嘱。

　　我家居住在深山沟里，农田很少，我家有一块农田离家两里多路。我们那里出产最多的农作物是红薯，其次是玉米和大豆。由于家中大米太少，我母亲经常挑着红薯或玉米去几十里外的农田较多的村庄换大米，有时一家也就换几斤，有时走几里路也没有人愿意换。挑着一担出去，回来的时候还是挑着一担，特别是走很远也没人愿意交换时，母亲很是失落与焦急。母亲经常天没亮就出发，天黑了还没回来。

由于家境贫寒，没什么经济来源，母亲经常独自一人去深山野岭采摘野茶，挖一种形状酷似生姜的药材，然后卖掉赚钱。洗红薯时，由于用水紧张，母亲经常一人守在山沟里取水直到三更半夜。

中国的父母大多沉默寡言，为了子女奉献了所有。我把自己家的平凡事写出来，是希望我们在更多时候，能够看到沉默着的父母，他们是多么的伟大。

玫瑰开在荒野上

结婚十多年了，我好像没有对我的爱人说过什么动听的话，许诺过的事情也有一些没有实现。我觉得感情好是两个人的事情，只有伴侣能够相互信赖，家庭才能幸福美满。

和一个人组成家庭，许诺共享和自己人生差不多长的时限，是需要发自内心的赞同的。不一定非要有惊天动地的故事，也不一定要把甜言蜜语挂在嘴边，夫妻二人能够真诚相待，相互包容对方的缺点与不足，相互信任与理解，遇到困难时不抱怨、不放弃，一起坚持与战胜，这就是真感情。很高兴，我和我的爱人已经走过了十余年的时光，并且有继续走下去的默契和共识。

我爱人是一个比较喜欢简单生活的人，不爱化妆打扮，对生活没有太高的追求与渴望。有些时候，我似乎觉得她的思想过于简单了。很久以后我终于明白了，思想简单的人其实烦恼与压力也是相对较少的。所以思想简单、单纯，其实是一种福气。正因为这样，她的睡眠状况一直较好，以至于我常开玩笑说，属猪的就是能睡。

结婚时，我们的房子是租的。那时结婚，买汽车的不太多，但摩托车一般都会买，而我却没买。我的理由是不太会骑，也没地方停放，但这其实不是最主要的原因，主要还是钱太紧张了。结婚前，我和爱人一起去她亲戚家请客时，我骑的是自行车。我清楚地记得，有些时候，我们故意将自行车停放在较远的地方，然后走路前往。虽然我们没说什么，但我觉得骑自行车太没面子了。而我的爱人并没有因为我敏感、爱面子而嫌弃我，也没有急哄哄地揭穿我的心思，而是与我一起默默地面对与承担。事情不大，但我会感觉到自己被包容和偏爱了，觉得她很伟大，也很可爱。

　　在我们的孩子很小时，难以照顾与抚养，有时我会期望他能快快长大，那样我就不会这么辛苦了。我的爱人安慰我，如果他一下子就长大了，我们就失去了太多陪伴他的时光，虽然可以免去很多的辛苦，但同时我们也会失去无数的快乐与回忆。

结婚不到五年，有一次我们被一位保险推销员说动了，为出生不久的儿子买了一份保险。过了一年，当发现没钱交第二年的保费时，我们很犯愁，如果不继续交，那么那份保险就只能亏本终止合同。我们觉得如果这样就太不合算了，并且困难可能也只是一时的，再三商量后，爱人同意将她结婚时的金首饰卖掉，然后交保险。虽然这些首饰她平时很少佩戴，但毕竟是她的珍贵之物，所以多少有些失落。

结婚的前几年，我的脾气不算太好，虽然我们很少大吵大闹，但小冲突还是比较多的。回过头来我发现，那个时候我们之间的冲突往往是我一时的冲动引起的，那时我不善于控制自己的情绪，过激的言语经常会伤到她，让她不开心。可以说，因家庭矛盾而吵闹时，一般是我先挑起的，而她很少主动找我闹。如果不是爱人的大度与包容，我不知要失去多少快乐与幸福。包容应该是最伟大的爱。最近几年，我与爱人之间的争吵几乎没有了，因为我的心态通过自我调控与提升，已经改善了很多。我认为人的性格是可以改变的，变的前提条件是他一定要有发自内心的意愿。

爱人对我的支持与鼓励真的太多了，我失败过很多次，但她还是支持我、相信我。失败的时候她会提醒我下次不能这样做，应该吸取教训，但她不会过多责怪我，而是与我一起承担。虽然我并不知道自己未来能不能实现梦想，也不知道能取得多大的成功，但我可以肯定一点，无论我取得了什么成绩，那都是来自她对我的支持。

我们也会畅想年老的时候。当想到离生命的终点越来越近时，我常常会为之悲伤与害怕。但是看到我身边的爱人时，那些悲伤和害怕就被冲淡了。

我怕老也怕死，但想到有人陪伴我走向那个结局，心里就轻松了很多。我愿意和她分享这些秘密，分享我走向虚弱和死亡的心情；因为分享，我知道自己不是孤单一人，这就足够了。

人生是茫茫荒野，如果贫瘠的土地上开出了玫瑰，那么玫瑰是她，美丽也是她。

伴侣是我们最亲近的人，如果不是伴侣一直默默地支持我们，对我们充满信心，那些无法和别人细讲的事情真的会将我们击垮，让我们一蹶不振。

理想是停不下的脚步

我从事过很多职业，也创业成功过，还一直都有成为作家的梦想。1999 年中专毕业后，由于找工作很不顺利，又对人生的感慨较多，我就想以写书的方式来获取成功。现在回头看，我当时的想法非常不现实。写作是需要人生阅历积累的，而当时的我除了思维活跃和体力充沛之外没有什么能帮助到写作的地方。我当时写了 40 万字，最后的结局非常惨痛，半年的时间就那样被浪费了。

几个月后，我的心情慢慢地恢复了平静，不死心的我又开始写一本自认为很有价值的书：《人生就是享受》。当时的我认为，一个人只有将他所有的空闲时间全都用来追求一些有意义的文化艺术，他才能活得快乐有意义，他才能珍惜生命。这个论调明显是有问题的。写了4万多字之后，我进行不下去了。因为内容过于空洞、不切实际，没有经过任何生活实践的检验。我把这份稿子寄给了几个出版社，果然没有任何回复。

经受这两次打击以后，我的冲劲再也没有那么大了，心情也真正平静下来了，不过我并没有灰心丧气。通过前两次的失败，我觉得在抛弃工作的情况下，一心一意地去探索与写作是很不现实的。后来很长一段时间内，我开始努力工作，并且对人生的心灵的探索一直没有完全停止下来。因为我对人生一直有太多的困惑，如果不能很好地化解它，我是绝对不会死心的。

从2000年下半年开始，我把工作摆在了人生的首位，而将写作当成了一种业余追求。经过差不多10年的积累，我完成了人生中第一本自认为尚可的书稿。书稿2010年便基本完稿了，我通过发电子邮件及挂号信，向几十家出版单位投过稿，大部分杳无音信，还有一些骗子假冒出版社的编辑来哄骗我。

在我再次心灰意冷的时候，我看到了童树春编辑的征稿启事。在童编辑的策划指点下，我将散乱的书稿进行了整合，分好了章节，对标题进行了修改。半个月后，该书在选题会上顺利通过，而且获得了大多数领导以及销售部门的认可与喜爱。我的这本书最终定名为《谁的内心不纠结》。

这是我第一次在作家这个身份上取得成功，当然这有我坚持的力量，但是更多的是因为它是从生活中走出来的，能够和读者产生共鸣。《谁的内心不纠结》出版发行后，虽然没有成为很畅销的作品，但它毕竟成功进入了各图书销售网以及书店，获得了不少读者的好评与追捧。

如果一个人的理想是获得财富，我觉得这是很小的理想，如果这个人用获得的财富来创造更多的价值，或者去帮助他人，那么他的理想比前面的要伟大得多。

朋友是同行的灵魂

　　我是个追求进步的人，无论是哪个方面，都希望自己能够尽最大努力取得成功。我自认不是个单纯的商人，在满足自己基本的物质需求之后，我更期待的是获得精神方面的满足。我的好友袁老师和我一样，有着同样的追求，我们不仅是师生，还一直是很好的朋友，乃至后面共同创业，又经历了另外的合伙人退出，我们仍然同行。年过四十还在身旁的朋友可以说是一生的朋友了。

　　我总想着亚里士多德曾说过的那段话："朋友是这样的一种人，他们与我们关于善恶的标准一致，与我们关于敌人和朋友的观点也一致……我们喜欢与我们相似的人，那些与我们有共同追求的人。"我和袁老师就是如此。我们有着共同的爱好：文学。

袁老师自己创办过一些文学社团，对文艺青年无比热心与关爱，出版过不少文集。袁老师一直知道我在工作之余的作家梦，并且用实际行动支持着我。在我不算成功的作家路上，袁老师为我找过推荐人，为我写过序。他鼓励我的话，我一直记在心里。

看着眼前的杨子星，就像看着十年前的自己。二十岁刚出头的山里娃，自信中透露着几许腼腆，潇洒中流露出几许英气，让人想起"恰同学少年，风华正茂"的诗句。翻开杨子星的书稿，没有"大师"的故作高深，没有学者的滔滔宏论，没有老学究的陈腐之气，没有轻狂少年的偏执之情……因此，他的作品也没有写成政治家语录、思想家箴言、孔夫子的论语和偏执狂的疯话。在那些自以为是、自抬身价的自负者看来，杨子星似乎有些浅薄，根本不具备思想的资格；在那些不可一世的先锋作家眼中，杨子星又似乎不够新潮，编造不出思想的泡沫。杨子星的哲思短语有时似乎更像一首首启迪人生的散文诗。

从某种意义上说，杨子星应是一个思考者，我手写我心，不必忌讳什么，也不必掩饰什么，只是用一种独白的方式表现一个真实的自我。我想，这是一个人思考的结果，也是一个人思考的权利。当然，杨子星还很年轻，他的话也不一定完全正确，但我们不能责备求全，因为倘若必须成为完美的人之后才能思想，那么思想本身也就不复存在了。

鲁迅21岁写出立志献身于祖国和人民的著名诗篇《自题小像》，26岁发表著名论文《文化偏至论》和《摩罗诗力说》；郭沫若27岁出版我国新诗的奠基作《女神》，29岁完成历史剧《卓文君》《王昭君》；巴金24岁写出长篇小说《灭亡》；朱自清26岁出版《踪迹》，29岁完成诗集《死水》；郁达夫25岁写成震惊文坛的长篇小说《沉沦》；冰心23岁出版小说集《超人》、诗集《繁星》，26岁又出版诗集《春秋》、散文集《寄小读者》；刘白羽21岁出版小说集《平原上》等等，不胜枚举，他们都最终走向了成功。虽不能至，心向往之，我愿与杨子星及和他一样充满激情和热血的有志青年共勉。当然，我们不必讳言，杨子星的随笔中无疑还存在着思想不够成熟，语言不够精练，文采不够华美等不足之处。我们期望着他更加深入地观察生活，思考社会，多读好书，勤奋耕耘，永不满足。

"天行健，君子以自强不息。"总有一天，杨子星不仅仅属于临湘。

第十三章　挫折来临时

没有一个人能永远顺风顺水地活着。挫折早晚要来，有时候我们准备好了，有时候我们被当头棒喝。还有的时候，我们没有做错什么，但是时代的风让我们不由自主地摇摆。挫折是什么呢？我愿意将它看成擦亮神灯的一双手，每一个好结果的前奏。

我们能承受吗？

每一天打开手机，我们都能看到数不清的悲欢离合。我们在欢笑和不幸之间穿梭，通过别人的故事来看自己的人生。人生充满太多的不顺与苦难，无法以轻松心态来应对的人，注定会活得很压抑很痛苦。挫折令人难以接受，但又无法逃避。人生存在太多变数，没有人可以保证自己不会遭遇挫折与苦难。学会应对苦难，是所有活着的、想活得更幸福的人的人生必修课。

面对挫折与苦难，我们常常会无比焦虑与害怕，身心因此受尽折磨。其实我们知道焦虑是没用的，害怕也是没用的，但总是难以放下与摆脱。之所以无法接受现实，是因为我们在逃避现实，我们的思想没有完全回到现实中来，常认为苦难是不会发生在自己身上的。遇到挫折与苦难的时候，你一定要告诉自己：生活不是理想决定的，而是现实决定的，再糟糕也只能向前行，因为在挫折与苦难面前，我们很多时候是没有退路的。当你发现自己只能向前行时，就不会去逃避现实了；安心地接受现实，通常就不会那么痛苦了。

在我经商不顺的日子里，我多次认为苦难所带来的折磨是无法摆脱的，只能去承受。没人想听我说我面对的问题，无论我怎么说，他们都觉得我站着说话不腰疼：大小是个老板，能差到哪里去；欠债比患恶疾的人要幸运多了，至少人健康。其实并不完全是这样。有些时候遭遇失败的人可能会比我们想象得更痛苦，尤其是精神上的打击是无法言喻的，"眼看他起朱楼，眼看他宴宾客，眼看他楼塌了"，旁人看来尚且凄凉，更何况身处其中的人。可以说，巨大的生活落差是会让一个心理承受能力差的人完全崩溃的。

我人生中最绝望的一次，是我的公司因为经营决策失误而遭受巨大亏损。那段时间我无比焦虑，如果公司倒闭，我将要承担巨大的债务以及法律纠纷。那时候我人坐在办公室，心就像跌进万丈深渊，怎么也到不了底。过于疲惫、紧绷的时候，我也产生过放弃一切的想法，但终于还是挺过去了。

那时候我经常问自己：你能够承受吗？每天少于5个小时的睡眠，每天打十几个求助电话，超过两年的诉讼，可能用15年来偿还的债务……我把我面对的挫折一一列了出来，有我现在就要解决的问题，也有一些是没有发生的问题。分析之后，我发现只要我还活着，什么挫折我都是可以承受的。

大部分时候，我们无法承受挫折，是因为无法承受想象中的后果。假如疾病无法治愈，假如欠款一辈子也还不清，假如生命无法挽救……影响判断的，往往是我们为自己描绘的恐怖未来，误认为自己无法承受种种严重的后果。

我们恐吓自己，让自己以为自己无法承受，这可能只是我们不想去承受，我们启动了身体里的逃避机制，试图缩回自己的安全区里。可是人生哪儿有什么安全区呢？我们的人生本就是一场冒险，如果缩起来，那就是白来一趟。

面对挫折与苦难，当你悲伤与害怕时，甚至充满绝望时，首先你应该问问自己：我可以承受吗？我在逃避未知的灾难了吗？自我询问可以让你变得很坚强很勇敢，让你不容易陷入情绪失控状态，从而尝试摆脱心理误导，让心情变轻松。

恐惧是一种力量

如果你说自己从没恐惧过，那我是不太相信的。

在媒体上匆匆看过的社会新闻，无可奈何的人间悲剧，打了马赛克也令人胆战心惊的场景……看过的我们，大多会觉得恐惧。恐惧令我们痛苦，提醒我们如果再不做些什么，我们就会失去自己拥有的东西。

有关恐惧这种情绪，很多心理学家做过分析，其中，美国的心理学家杰菲斯认为恐惧有三个层次：一、我们害怕恐惧本身；二、我们害怕由此导致的失去；三、我们害怕无法面对失去的后果。其中第三个层次是我们恐惧的根源。

以欠债还不成举例。我们当然害怕，没有人不害怕欠人钱，也没有人想欠债。接下来，我们害怕的不是花欠款，而是担心欠债导致的丢面子、财富缩水；更令我们害怕的是，如果这一切发生了，我们没有能力改变。

我们害怕坏的结果，更害怕自己没能力收拾烂摊子。

恐惧是一种极度的悲痛、忧郁，更是一种潜意识里对自己的评价。习惯恐惧的人，觉得自己的能力是不足的，觉得自己拥有的一切都将会失去。

当我们恐惧时，很容易走两种极端：一种是发现恐惧是没有任何作用的，所以就强行去消除它，希望自己完全不去悲伤与害怕；另一种是任由自己去恐惧，不进行心理疏导与自控。完全消除恐惧是行不通的，因为恐惧是一种正常的心理条件反射，强行去消除恐惧时，我们常常会因为无法实现而更加失落与悲观；任由自己去恐惧，我们常常会陷入极度的焦虑中，受尽折磨，因为恐惧时，我们的内心常常会失去理智。

这都是我们感受得到的情绪状态。恐惧让我们缩成一团，像热锅上的蚂蚁一样不知道怎么办。为了摆脱这种折磨，我无数次地冥思苦想，但一直都没有找到一种能压制住恐惧的心理调控方法。无奈之下只好不去管它了。当我不去抑制它，任凭自己去恐惧时，我发现恐惧反而变轻了一些。

让恐惧自然生发。体验过担忧与害怕后，我们才会真正明白担忧与害怕是没用的；我们才能冷静下来，思考恐惧的本质是什么。

它当然是一种情绪，而且是一种鲜明、持续的情绪；它是一种自我评价、自我认知，和自尊、自信有极大的关系；它还是一种内在的力量，囚禁我们，让我们失去理智。抛开这一切，从另一个层面来说，恐惧也是一种自我怜惜和对世界的爱。我们为什么恐惧？当然是不希望这个世界发现无能的我们，然后将我们舍弃或者吞没。

因为它背后的爱，我们可以把恐惧看成一种驱动力。只有我们怀揣着对自己、家人乃至这个世界的爱，珍惜我们已经拥有的一切，才会感觉到恐惧。

恐惧是我们身心对未来的提醒，它让我们逃，除非我们已经再次获得安全，不然这种恐惧不会消失。我们无论如何也摆脱不了恐惧，因为它是我们头脑中的"闹钟"，从我们的祖先还在茹毛饮血的时候就存在了。

"闹钟"很烦，但是"闹钟"并没有在主观上谋害我们的意思。我们要和"闹钟"学会相处，在响彻头颅的焦急声里保持冷静，这样才有时间和精力分析我们面临的挫折。如果我们不去做些什么，那永远无法获得宁静。

　　因意外而遭受身心或经济上的重创时，可以说没几个人能从内心深处接受眼前的现实。但是冷静下来想一想，我们生活中没有比这种惨剧更让我们恐惧的情况吗？我们总能找到更让我们害怕的事情。为了避免更不喜欢的事情发生，我们也要解决目前面对的问题。

　　看到这里，你还觉得害怕的自己是可笑的吗？不是的。恐惧是我们面对挫折时，无法回避的情绪。一个不知道恐惧的人，是不可能成功的。真正的恐惧并不会导致我们胆小，真正的恐惧会让我们意识到我们多么热爱这个世界，多么不想离开。

　　没必要失落与害怕，因为失落过后、害怕过后，还是要去承担后果。让恐惧成为敦促你分解挫折的力量，看清自己能够完成哪一些内容，很快你就会发现前程乐观。

困境中如何轻松前行

为什么我们要问自己"我可以承受吗？"而不是直接去告诉自己"挫折是可以承受的"呢？这是因为我们可以分析得出后面的结果，但是不能省略直面挫折、寻找解决办法的过程。

我们可以变得勇敢坚强，继而预防或摆脱情绪失控状态，减轻恐惧，但这不是一句口号能做到的，是我们反复思考、直面挫折、努力克服的结果。

选择解决问题、挽回损失的是我们自己，选择继续热爱这个世界的人也是我们自己，而不是机械地朗诵一句口号。我们总觉得自己没有能力去承受巨大的苦难，但事实却是，无论我们遭遇了多大的苦难，只要我们有足够的决心，就一定可以承受得住。在挫折与苦难面前，有人选择是涅槃重生，有人则从此一蹶不振……我们无须评判，因为这只是个人的选择。

人只要活着就会有欲望和需求，当欲望和需求没有得到满足，当目标没有实现，当遭受了损失，我们就会产生挫败感。

巴尔扎克曾将挫折看成石头，石头没有好恶，它们只是存在而已。分析挫折对我们的影响，大致有以下几种：不可挽回的损失、精神上的损失、财富上的损失。其实大部分的挫折都是物质损失和精神损失相叠加的，但为了更好地分解挫折，我们分开来看待。

面对不可挽回的损失时，我有个故事想和你分享。在《谭谈交通》（已停播）的一期节目里，讲过这样一位老人，让我很受触动。他被谭警官发现的时候，正用三轮车拉着七八百斤重的木头，沿着街边缓缓地向前，码得很高的材料上还坐着一个木讷的中年人和一条看不出品种的狗。谭警官把他拦下来了，问他这样出行家里人担心吗？接下来的谈话令我动容至今。

你爸爸呢？

死了 11 年了。

那你妈妈呢？

也死了，二十多年了。

你老婆不管你？

老婆也死了，死了 11 年了。

那你的子女呢？

死了，生孩子难产死的。老婆孩子一起死的。

难道你没有哥哥弟弟姐姐妹妹……

哥哥死了 18 年了。

弟弟呢？

弟弟在这儿。（指车上）

那你这样，你弟弟也不说说你？

我弟弟瓜了（吃药吃傻了）。还有一条狗，十多年了，也要死了。

那你这情况……放谁身上，谁都特别痛苦。家里发生了这么多变故……但我看你，好像你特别开心。

往前看。

往前看？

往前看，不开心的事情……（大爷笑着摆手）

…………

后续访谈中，我了解到这位老人已经 69 岁了，一个月赚 2000 多元钱。谭警官问他弟弟怎么办，他说："我交给人民政府，给买了养老保险了。"向前看，很简单的三个字，他说了好几遍。对于我们不能改变的事情，我想这三个字概括了我们需要的一切。

向前看。亲人的离去是我们无法改变的事情，哪怕终日以泪洗面、散尽钱财，我们也无法挽回。那么，就向前看吧。生命无常，挫折让我们恐惧，甚至让我们绝望。冷静面对恐惧，分解挫折，被路上的石头绊倒不可怕，可怕的是我们从此停止不前。

当我们克服恐惧、接受那些不能挽回的损失之后，又应该做些什么呢？

首先，我们应该尽力解决与承担。积极行动才是战胜困难与挫折的最好方式。没办法就应该拼命想办法，找出导致挫折的核心问题，解决挫折中能够很快解决的问题。面对我们无法改变的部分：接受它。无论有多痛苦，都不要把时间和情绪浪费在不能改变的事情上。

其次，行为上的努力当然很重要，但放松心情同样很重要，因为如果不能放下各种压力与负面情绪，那么就可能根本无法安心地工作与行动，甚至会因为焦虑过度而身心疲惫，继而陷入更大的困境中。

面对挫折与苦难，请告诉自己：改变不了就只能去承受。这个提醒虽然简单，却无比切合实际，它能让我们的内心变得安定而坚强，悲伤与害怕的情绪也会得以缓解。通常，摆脱严重的焦虑感，往往只需一个简单的提醒，关键是要找到最有效的那一个。

再次，人生终将归零，哪怕再苦再累，也要活有所获，这就是活着的意义。所以无论遭受了多大的挫折与苦难，我们都不应该放弃，而应该拼命坚持到最后。

最后，当大环境并不是很顺利的时候，我们又能如何呢？一边努力活着，一边等待局势的改变。经济的发展总是起起落落。因此我们应该耐心等待，而不必太悲观、太强求，因为强求可能会给你带来更大的失败与挫折。比如经济下行时，你如果不接受现实，继续把财富目标定得很高，那么你可能会因为盲目投资而遭受巨大的亏损。人生在世，我们一定要懂得顺势而为，正所谓识时务者为俊杰。

人生有无数快乐存在于不顺与苦难之中，如果你想等到自己完全幸运与幸福的时候再去享受快乐，那么你将失去无数快乐。你只要告诉自己 "人生苦短，我应该尽力快乐一点"，那么身陷困境中时，你一定可以找到更多快乐。只要心向着快乐，快乐自然会拥抱你。

　　面对挫折与苦难，当你焦虑，甚至绝望时，首先你应该问问自己：我可以承受吗？然后你应该告诉自己：改变不了就只能去承受。前面的询问可以让你变得坚强勇敢，不容易陷入情绪失控状态；后面的提醒则能帮你摆脱心理误导，让你的心情在不知不觉间变得轻松起来。当你身陷困境而闷闷不乐，无法安心享受眼前的快乐时，请你告诉自己：人生苦短，我应该尽力活得快乐一点。

第十四章　匿名区的我们

在十几年的咨询生涯中，我听到了很多种声音。听得多了，我开始觉得，其实我们不用这么胆小。我们的苦恼不只属于我们，这一次，匿名的我们一起和这个世界谈谈。

个人的苦恼

总感觉同学在向我炫耀

问：我是高三的女孩，不过是复读的。因为去年出了点事儿，便休学了。一位同乡学友去念了大学，她常跟我说起大学生活多么有趣多么丰富。我知道她更多是分享，可我总是觉得她在炫耀。不就念了个大学吗？炫耀什么啊！她也说不是气我，是激励我，可我看着她那些话就是很不开心，怎么办？

答：你可以存在一点点嫉妒心理，因为嫉妒可以为你增添动力，但是完全没必要因此而过于不开心。因为你永远只能去过属于自己的生活，而且你照样可以活得很快乐。不是吗？

奔三了，却又不想随便找个人过一辈子

问：奔三了，想结婚又找不到喜欢的人，不甘心就这样找个人将就着过一辈子，可是又怕年龄越来越大，婚姻问题会越来越难以解决，所以真的很矛盾。

答：你的内心深处肯定在追求一种完美，你把婚姻看得很神圣、很伟大。可每一个人都会存在很多缺点与不足，这是一种现实。当然，我并不是说婚姻是不美好的，而是说婚姻必须互相理解和迁让。

怎样才能更好地说服别人?

问:日常生活中,我们如何才能更好地说服别人接受自己的观点呢?

答:在与人交谈或辩论时,你也许会认为自己的观点很有道理,认为自己的口才很不错,但是对方或许会认为他说的更有道理。每个人都有坚持自己观点的权利,所以不必强求别人非要接受你的观点,否则说明你不太明智。

怎么才能改掉做事犹豫不决的习惯?

问:凡事都犹豫不决,从小养成的习惯,怎么改善这种状况?

答:首先,犹豫不决并不见得一定是坏事,它说明你办事认真。其次,行动或决定之前你可以先分析一下后果是否可以承担,如果你认为后果是可以承担的,那你还犹豫什么?

身高很矮，担心今后找不到女朋友

问：老师你好！我今年 24 岁，身高只有一米六，我很自卑，同时我也很害怕这样的心理会对我以后的婚姻、生活等产生不好的影响……

答：我们不该被大众与世俗的狭隘眼光所禁锢，所以你无须为此感到自卑，请学会欣赏自己。

我找到了缓解烦恼的法宝

问：人死时什么也带不走——不管是钱是车还是房。想到这些，人就没有烦恼了。

答：你好！你说的确实存在一定道理。只不过人要想活下去，那就绝对逃脱不了现实生活的束缚。比如，没钱时，失业时，生病时，难道说只要想到人死了什么也带不走，你就不会忧愁了吗？就可以解决问题了吗？所以心理困扰总会伴随着现实生活而不断产生，不同的现实状况会引发不同的心理困扰。用一句话就想去解决所有的心理问题，那是不现实的。

不瞒你说，我也这么研究过，比如人生到头一场空，所有的快乐很快就会变成过去，痛苦也一定会变成过去。但生活的困扰照样一次又一次地纠缠着我。

你说人死什么也带不走，但那是人生最后的事情，而我们永远都只能活在当下，我们想得最多的也总是眼前的生活。所以去想象死亡这件事，实际上是解决不了任何当下的生活难题的。当然你的方法还是有一点点作用的，我们不应该完全否认这个宽心的方法。

我是如此的恐慌

问：不明白自己为什么那么在乎过早自慰影响身体发育的问题，非常在意别人是否能看出来。认知总是调整不过来，钻牛角尖，容易紧张，造成了我的恐慌障碍。真的严重影响到了我的生活与工作，很痛苦，能帮帮我吗？

答：我向大夫咨询了你的问题。你的顾虑完全不会影响你的身体健康，但是可能会给你的心理造成一定的障碍。如果你强烈渴望消除此种恐慌障碍，那么可能会更加恐慌；如果你放肆地让自己去恐慌的话，或许反而不会这么恐慌了。当你因为无法接受现实而焦虑与害怕时，请告诉自己：一切心理活动都减轻不了身体与生活上的任何负担。如此自我开导，你的内心一定会安定下来，从此无论遇到再大的挫折与苦难，也可以轻松应对。让内心保持安定，这是我们轻松应对挫折与苦难的唯一选择。

你没有做错什么，无须责备自己。

大四了，和男生说话还会脸红，能帮帮我吗?

问：杨老师好，我觉得自己在很多时候都很自卑。现在大四了，还没有男朋友。其实我从来没有主动过，可能是电视剧看多了，一直等着在什么时候能冒出一个白马王子来爱我！可我现在与男生单独相处或者说话的时候总会害羞、脸红，走路看见对面有男生走过来时，还会觉得不好意思。老师能帮帮我吗？谢谢！

答：一、找人生伴侣的第一步其实是多交朋友。因为只有成了好朋友之后，才知道是否适合。由普通朋友变成情侣往往是比较自然的。所以找男朋友之前，你应该多交往几个普通朋友，而交普通朋友时心里一般是不会有什么压力的！

二、对于女孩来说，害羞、脸红，这并不是什么坏事呀！说不定很多男孩子喜欢你这种类型的女孩呢！

三、你在他人面前放不开、表现不自然，很可能是你怕丢面子、脸皮太薄造成的，你可以按下面的方法来尝试改变自己。

我们常常会因为自己的才智、经济条件或长相等不如他人，或者害怕自己的表现会引来他人的轻视与嘲笑而沮丧，而放不下面子，而自卑。倘若如此，你知道你犯了多大的错误吗？世界上没有哪个人的评价与看法值得自己活得不开心！"任何人的评价与看法都不值得我为之不开心"，当你因为丢了面子或怕丢面子而自卑时，你只要想到这句话，心中的沮丧与不开心一定会瞬间消失，记住这句话，你一定能自信地活一辈子。

不想参加高考了，又不知如何向家里交代

问：杨老师，面对高考的压力，真的想放弃，不想参加了，可是怎么向家里人交代呢？烦啊。

答：既然你都想放弃了，那说明你也就不在乎结果了，放弃的话注定是考不上大学的。既然不怕失败，既然有勇气承担失败的后果，那你为何不参加考试呢？至少这样可以拿到毕业证呀！并且说不定你可以考出理想的成绩。

大学生活很枯燥，对未来很茫然

问：大学生活太枯燥，对未来一片茫然，不知道该为自己做些什么。自己的生活不像一个整体，倒是像一盘散沙，对现实中的很多事情感到很无奈。虽年纪轻轻，但感觉自己什么事也做不了。

答：每一个人都会有茫然的时候，这其实是很正常的。你现在只需要好好读书，而关于未来，你除了需要适当做些准备外，根本就不必太去在意它。因为到了那个时候，你自然会明白自己该做什么，也一定可以慢慢地适应现实。有些时候，茫然其实是一种空虚与失落的感觉，失落往往是你追求得太多、向往得太多造成的。目前，你除了好好学习，多去增强自己的才能外，追求得再多又有什么用呢？该努力的时候努力，该玩耍的时候玩耍，去好好享受每个当下吧！

如何与嘴毒的母亲相处

问：请问如何与嘴毒的母亲相处？比如她经常因为一点小事骂未出嫁的女儿，说"丢到外面都没人要，寡妇相"之类的话。我没办法不恨她。我觉得我的心理有障碍了。

答：无论如何，她都是你的母亲。这是无法改变的现实。

对于有些人而言，骂人可能只是一种习惯，而并不一定是有心诅咒你，所以你母亲也未必是骂了你就真的想害你，真心希望你哪样哪样。

当你母亲骂你时，你可以如此询问并提示自己：我有必要生气吗？如果不生气更快乐，那就不要生气好了。

婚姻和家庭

为老公、孩子操劳，自己成了黄脸婆，值吗？

问：做女人很累，为了儿女、老公操劳着，到最后落得个人老珠黄的黄脸婆，值得吗？

答：当我因为店子装修无比操劳时，当我发现抚养一个孩子需要花费无数心血时……我感觉人生真的很累。不过当我意识到劳累的并不只是我一个人时，比如帮我装修的工人不是一天到晚在杂乱无章、噪音刺耳的环境中忙碌吗？人生无法很轻松，重要的是如何在履行责任的同时努力活出自己的精彩。

老公以"没有孩子"为由，向我提出离婚

问：我结婚十几年了，我很爱老公。但是老公是非常花心的一个人，去年以来他就和一个同事暧昧，今年又和另一个工作中认识的女性纠缠。我们年轻时不想要孩子，现在我年龄大了，多次流产，老公很失望，并以此为理由要求离婚。

心太累了，我对以后的生活失去了信心。

答：几乎所有的人都会遇到不幸与痛苦，只是程度不同而已。你确实失去了很多幸福与快乐，但是，你还能抓住并享受许多其他的快乐。

珍惜还能拥有的快乐，学会爱自己，不要为别人的错误买单，这便是你活着的意义。

婚姻破裂，我的孤独寂寞该如何化解？

问：我知道他的心已经走了，留下空壳没有意义，所以我们在商议离婚。可是我内心非常不舍，很留恋，很痛苦，痛苦得吃不下，睡不着，因为不忍心自己在世上受苦而有轻生的念头。现在我已经可以直面惨淡的人生了，但是依然干什么都提不起精神，对什么都没有兴趣。

旅游、娱乐让我更加孤独和寂寞。我该如何化解？

答：其实这主要是因为你一时不能适应这种新的生活。

起起落落，变化无常，此乃人之常事。一个人由富变穷时，一开始他的内心可能会受尽折磨，甚至度日如年，但时间一长他往往就不会太失落了，为什么呢？因为他习惯了贫困的生活状态。

当完全习惯了一种生活以后，我们内心的压力与痛楚往往会慢慢消失。只要给予足够的时间，我们就一定可以习惯一种生活，一种此时不敢想象的艰难生活。

面对挫折与不顺，请告诉自己：因为恐惧不会对现在的生活带来丝毫的改变，所以我应该放下它。只要放下它，我就不会再痛苦了。

这么爱赌怎么办？

问：在赌场输了十万多元，输光了所有的资产，心情极度郁闷。

答：爱赌的人都是想不劳而获。赢了的想赢得更多，输了的想回本，总之心甘情愿放手的人很少。你输光了所有的资产，你的这次不幸其实也是大幸，因为这是你戒赌的最好时机。

这样的婚姻还该不该继续？

问：我跟我老公都是 80 后，现在我们已经结婚七年了，一同经历过许多风风雨雨，也有两个可爱的孩子。最近我发现，他跟一个女孩天天发短信和打电话。我真不明白，他为何要这样对我，所有妻子该做的我都做了，他出事时我对他不离不弃，还一直鼓励他安慰他。七年来，他从不考虑我的感受，就算我病得很重，他都不会关心一下。我真不知该怎么办？这样的男人还该不该相信？这样的婚姻还该不该继续？要是离婚的话，两个孩子怎么办？

答：当婚姻出了一些问题时，很多人总会想到离婚，以为离婚是一种很好的解决方法。其实我看，这是见仁见智的事情。

就像我之前讲过的，没有什么是完美的，婚姻也是如此。你的伴侣也是独立的个体，他有自己的想法。他伤害了你、你们的婚姻，这是他的问题、他的选择，这与你付出了多少、陪他经历了什么，是完全不同的两码事。

不要为了别人的错误惩罚自己，也不要觉得付出了就一定会有回报。这是第一点。至于要不要离婚，我在你的问题里，看到了你的焦虑和恐惧。

你最害怕的是什么呢？不过是你害怕没有能力面对婚姻破裂之后的情况。你可能担心养不起两个孩子，担心别人看不起你，担心以后没有更好的伴侣……我举的这些例子，都是从你本身出发的。如果你只担心这些，可以得知你并没有那么爱着你的丈夫。那么你就要权衡一下，如果离婚了，你能不能解决你担心的这些问题。如果你想要和他继续走下去，那么我觉得你可以和他坦诚地谈一谈，给婚姻一个重新开始的机会。没有人能够决定你婚姻的走向，除了你自己。

婚姻是两个人的选择，而离婚是你自己的选择，千万不要因此而伤害自己的利益。

爱和婚姻一样吗？

问：我要结婚了，很害怕。这种害怕正常吗？

答：人不一定是因为相爱才结婚，也许一辈子都找不到一位完全喜欢的且愿意跟你结婚的人。即使是相爱结婚，结婚之后不一定能够保证长久地相爱。不管相不相爱，只要能够相依相靠地走过很长一段人生，这便是缘分。

不管相不相爱，只要结婚了，那你就一定要努力地去关爱对方。因为不管是恋爱还是婚姻，都是需要双方共同付出和维护的。

当今社会，离婚率相当高。不可否认，离婚是为了让自己活得更加幸福。我觉得，很多时候，当两个人相处在一起时，难免会产生很多矛盾与摩擦，但是离婚过后，单身或者是再次结婚的时候，我们照样会遇到许多烦恼，所以适当忍受不完美或许才是完美的。

没有钱，我压力很大

问: 钱不是万能的，没有钱万万不能。没有钱压力大啊！

答：一、要想赚钱，要想活下去，那就必须努力。只有努力，才能解决这些问题。并且只要努力，我们就一定可以好好活下去，又有几个人因缺钱而饿死了呢？

二、如果不过于爱面子，过于攀比，活得简单一点，那你一定可以节省很多钱财，所以你应该学会摆脱自卑和攀比心理。

　　三、你觉得没钱压力大，但是那些身患恶疾的人、负债累累的人，不是比你更痛苦吗？

　　四、不要网贷。千万不要因为短期的困境而过于焦急。须知，陷入网贷的泥坑难以自拔。

人生是一次冒险的旅行

初二第一学期，我几次向家里提出买一台录音机，理由是为了提高英语学习成绩。快期末考试时，有一次爸爸对我说："如果这次考试你能拿到全班第一，我就买给你。"

当时，我根本就没抱多大希望。我觉得爸爸这一招也算够绝的，非得是全班第一。但结果却很幸运，我的成绩真的是全班第一名。拿到成绩单，当我请爸爸兑现他的诺言时，他一边是高兴，一边是犹豫不决，想推迟一段时间。

当时我很不高兴，吵闹着一定要买。在没有办法的情况下，爸爸只好答应了。

我是跟四叔一起去买的，在路上他对我说了一句话。意思是你爸当牛做马似的劳动，你却非要买录音机。只不过他说得比这更刺耳。我想他一方面是因为同情我爸，另一方面则是为了鼓励我，希望我认真读书。我确实觉得爸爸很辛苦，但我不会因此而放弃这个决定。

买录音机时，我的理由是学英语，但实际上还有一个更重要的目的——听音乐。为什么要听音乐呢？因为我热爱音乐，有着不切实际的幻想。

我想，我们做一件事情，从来不止一个目的。我们怀着一个几乎不可能的目标，朝着那个方向前进，然而每一天做的都是太普通不过的事情。就像神话里的夸父，永远追逐太阳，但每时每刻在做的事情只是奔跑而已。

不过，我们不会说夸父只是在跑步，因为我们知道，他在自己的征途上。人生就是一次冒险的旅行，没有退路——我们也不需要退路。

既然我们无法决定人生的开头和结尾，不如就忽略它。不去想自己从哪里来，曾经受到过什么伤害；也不要多想未来会怎么样，离开时候是否体面。专注当下、专心地活出自己，编织一个美好的过程。

不是只有太阳在发光，我们每个人都在燃烧，都在发光——哪怕我们能照亮的范围非常有限。"每个人的心都是一个光源，所以一个人不能让自己的心熄灭"，著名思想家、文学家罗曼·罗兰曾这样说过。

人生如此珍贵，我们要勇敢前行。